普通高等教育“十三五”精品教材

金工实习案例教程

王浩程　主编

内容提要

本书立足于工科学生工程实践能力的培养，兼顾机械工程实践教学知识体系的完整，适应经济社会的发展对工程技术人才的要求，着眼培养学生综合的工程素质和能力，以知识点和案例为切入点，概括介绍了基本机械制造流程所涉及的实践知识。全书包括砂型铸造、锻造及冲压、焊接、传统切削加工工艺方法、数控加工技术、线切割加工等内容。

本书以知识点和案例统筹制造流程的实践教学内容，引入自制的教学设备，并以产学合作内容为教学实例，突出实用性和针对性，注重培养解决问题的能力。全书共11章，包括了制造过程的主要工艺内容。书末附金属工艺学实习报告。

本书可作为工科专业工程实践课程教材，也可作为企业技术和管理人员的参考读物。

图书在版编目(CIP)数据

金工实习案例教程/王浩程主编. —天津：天津大学出版社，2016.8

普通高等教育“十三五”精品教材

ISBN 978-7-5618-5616-1

Ⅰ.①金… Ⅱ.①王… Ⅲ.①金属加工-实习-高等学校-教材 Ⅳ.①TG-45

中国版本图书馆CIP数据核字(2016)第179608号

出版发行 天津大学出版社
地　　址 天津市卫津路92号天津大学内(邮编:300072)
电　　话 发行部:022-27403647
网　　址 publish.tju.edu.cn
印　　刷 天津市泰宇印务有限公司
经　　销 全国各地新华书店
开　　本 185mm×260mm
印　　张 9.5
字　　数 237千
版　　次 2016年8月第1版
印　　次 2016年8月第1次
定　　价 22.00元

前　言

在卓越工程师培养计划实施的工程背景下，大学工程实践教学基地应立足于具备优秀工程素质人才的培养，努力构建理念先进、设施优良、管理科学、体系创新的工程训练平台；应围绕创新精神和实践能力培养的建设理念，从教学体系、平台功能、模式改革等方面探讨工程训练平台的建设方案，建设适于培养应用型、创新型人才成长的工程实践教育基地，使之有利于具有创新精神和实践能力的卓越工程技术人才脱颖而出。在当前工程教育领域，传统应试教育仍占主导地位。尽管国家近年来不断倡导加强大学生创新创业教育，鼓励推动创新类课程建设，但目前工科学生的学习仍以被动接受、应对考试为主，工程教学过程中很多学生自主学习、创意实践、勇于创新的意识淡漠，他们经过系统的专业课程学习后仍不能具备较强的专业能力和努力探索的创新精神。本书针对高等工程教育中的学生创新意识薄弱的现象，以创新型人才培养为中心，分析探讨在工程实践教学基地内如何融入创新思维和创新方法的教学内容。

工程实践教学是高等工科院校培养和提高学生工程综合实践能力的重要环节。工程实践教学的过程是在特定的工程实践环境中对学生进行综合的工程设计、制造、管理、创新等环节的全面工程技术训练。随着现代设计与制造技术、信息技术、自动化技术、现代管理技术等与现代工程的相互交融、渗透，工程实践教学的内涵不断深化，教学内容不断拓展。目前在工程实践教学中存在着设计与工艺严重脱节、应试性的计划教学痕迹过重、亟待建立创新性工程实践教学模式、工程素质培养界定不清等突出问题。面对这些问题，工程实践教学改革必须贯彻以学生为本，知识、能力、素质协调发展，学习、实践、创新相互促进的实践教学理念，以探索和构建新的工程实践教学课程体系，深化教学方法改革。

基于上述背景和要求，我们组织编写了《金工实习案例教程》一书。与传统的金工实习教材相比，本教材特点如下：

①以知识点统筹制造过程涉及的知识内容，注重加强学生凝练知识的能力，同时引导学生树立设计与工艺并重的思想；

②以制造过程及金工实习基本内容为导向，与理论教材中的设计、材料和工艺内容相呼应，使学生能够较好地把握制造技术基础实践知识，在掌握技术技能的同时，注重增强学生的创新思维能力；

③基于工程实践项目案例为教学内容的编写思路，引入自行研制的教学设备和科研生产实例为教学内容，目的是将教师的启发、引导与学生的主动体验、积极探究有机结合，以提高学生的学习兴趣；

④传统工程实践教学内容力求简洁，适应工科学生的认知实习，期望能够结合实际操作，起到提纲挈领的作用。

全书由王浩程主编，参加编写的人员分工如下。第 3、5、7 章由王浩程执笔，第 1 章由贾文军执笔，第 2 章由刘炜执笔，第 4、8 章由刘健、田腾飞执笔，第 6 章由王晓亮执笔，第 9、10 章由蔡军执笔，第 11 章由淮旭国执笔。王浩程负责全书的组织和统稿工作。

由于水平有限，书中难免存在不足和错误之处，恳请广大读者批评指正。

编者

2016 年 5 月

目　录

第1章　砂型铸造工艺实训

学习重点

- 了解砂型铸造的安全操作守则及实训要求。
- 了解金属铸造成形的常用方法。
- 通过案例掌握砂型铸造的工艺过程。

1.1　实训安全

金属液态成形是指铸造生产，即将液态金属浇入预先制好的铸型，待其冷却凝固后，获得所需形状和性能的铸件的成形方法。铸造生产工序繁多，又处于高温、粉尘、有毒气体的生产环境中，较容易发生安全事故。根据铸造的工艺特点，从安全文明实训的角度考虑，学生在参加实训时必须严格遵守以下事项。

一、砂型铸造安全操作守则

①造型时严禁用嘴吹分型砂，以免砂粒飞入眼中。

②坩埚炉周围不得堆放易燃物品，以防遇到火星或高温液态金属而发生火灾或爆炸。

③所有熔化及浇注工具在使用前必须烘干并按要求涂刷涂料。

④熔融的高温金属液在浇注运送途中或浇入砂型时，应检查是否有余液碎块失落在道路上或砂型旁，有则应立即清除干净以免伤人，更勿用手触摸。

⑤浇注时，必须观察砂型附近不应有积水存在，以免金属液滴与水接触引起飞溅或爆炸危险。

⑥浇注金属液时必须服从指挥，上下、高低、快慢、缓急都应合理。

⑦浇注时浇包内金属液不能装得太满，以防抬运时飞溅伤人，人不能站在浇注的正面，不操作浇注的人应远离浇包。

⑧不可直接用手、脚触及未冷却的铸件。

⑨清理铸件时，要注意周围环境，以免伤人。

⑩搬动或翻动砂箱时，要用力均匀，小心轻放，以免砸伤手脚或损坏砂箱。

二、砂型铸造文明实习要求

①实习时要穿好工作服、工作鞋，熔化浇注时要带防护眼镜。

②熟悉一切安全操作规程，避免在生产实习过程中可能发生的事故。

③熟悉各种机器设备的性能，避免损坏机器。

④砂箱、砂型等应平稳放置，防止其倒塌伤人。

⑤实习结束后，作好工具和用具的清理，清扫场地卫生，保持车间整洁，将用过的物件擦净归位。

1.2 基本知识点

1.2.1 知识点一：砂型铸造基本过程

砂型铸造基本过程如图 1-1 所示。

砂型铸造的主要生产工序有制模、配砂、造型、造芯、合模、熔炼、浇注、落砂、清理和检验。根据零件形状和尺寸，设计并制造模样和芯盒；配置型砂和型芯砂；利用模样和芯盒等工艺装备分别制作砂型和型芯；将砂型和型芯合为一个整体铸型；将熔融的金属浇注到铸型，完成充型过程；冷却凝固后落砂并取出铸件；最后清理铸件并检验后将其入库。

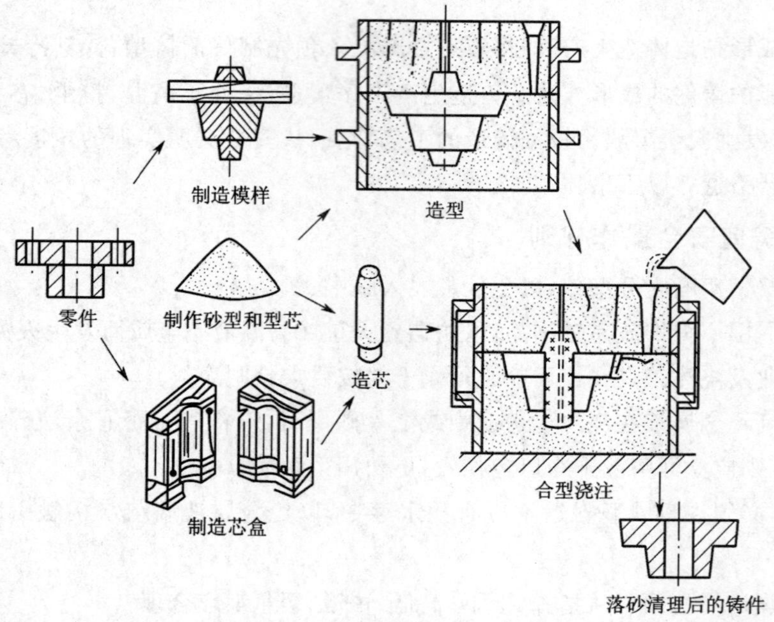

图 1-1 砂型铸造基本过程

1.2.2 知识点二：铸型的组成和作用

铸型用于浇注金属液，以获得形状、尺寸和质量符合要求的铸件。图 1-2 为两箱造型时的铸型，其各组成部分及作用如下。

1)上砂型 浇注时铸型的上部组元。

2)下砂型 浇注时铸型的下部组元。

3)分型面 铸型组元间的结合面，每一对铸型间都有一个分型面。

4)型砂 按一定比例配制的造型材料经过混制后得到的符合造型要求的混合料。

5)浇注系统 为填充型腔和冒口而开设于铸型中的一系列通道，通常由外浇口、直浇道、横浇道组成。冒口是在铸型内储存供补缩铸件所用熔融金属的空腔，冒口有时还起排气集渣的作用。

6）排气道　在铸型或型芯中，为排除浇注时形成的气体而设置的沟槽或孔道。

7）型芯　为获得铸件的内孔或局部外形用型芯砂或其他材料制成的，安放在铸型内部的铸型组元。

8）出气孔　在砂型或砂芯上，用针扎出的通气孔，出气孔的底部要与模样相距一定的距离。

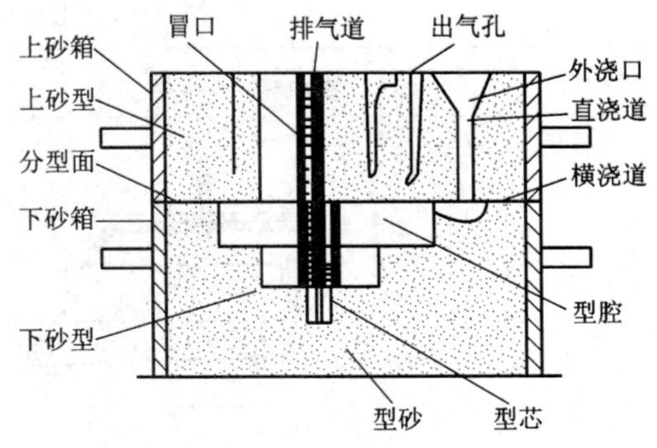

图 1－2　铸型的组成

1.2.3　知识点三：浇注系统

浇注系统是引导金属液流入铸型型腔的通道。

1. 对浇注系统的基本要求

浇注系统设计的正确与否对铸件质量影响很大。对浇注系统的基本要求如下：

①引导金属液平稳、连续充型，防止卷入、吸收气体和使金属液过度氧化；

②对充型过程中金属液流动的方向和速度进行控制，保证铸件轮廓清晰、完整，避免因充型速度过快而冲刷型腔壁或型芯及充型时间不合适造成的夹砂、冷隔、皱皮等缺陷；

③具有良好的挡渣、溢渣能力，净化进入型腔的金属液；

④浇注系统的结构应当简单、可靠，金属液消耗少，并容易清理。

2. 浇注系统的组成

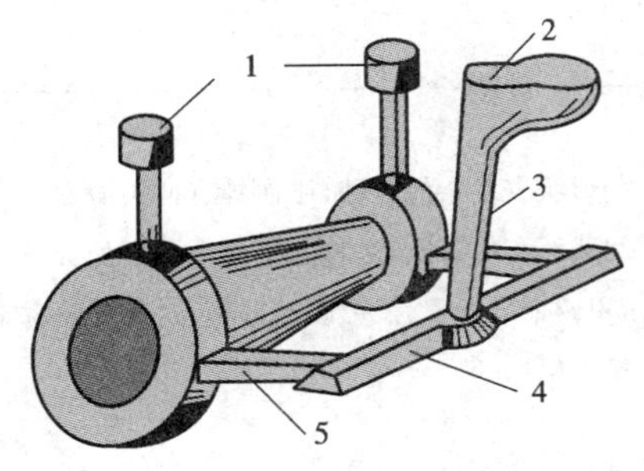

图 1－3　浇注系统的组成

1—冒口　2—外浇口　3—直浇道

4—横浇道　5—内浇道

浇注系统一般由外浇口、直浇道、横浇道和内浇道组成，如图 1－3 所示。

①外浇口用于承接浇注的金属液，起防止金属液的飞溅和溢出、减缓对型腔的冲击、分离渣滓和气泡、阻止杂质进入型腔的作用。

②直浇道的功能是从外浇口引导金属液进入横浇道、内浇道或直接引入型腔，直浇道有一定的高度，使金属液在重力的作用下克服各种流动阻力，在规定的时间内完成充型。

③横浇道是将直浇道的金属液引入内浇道的水平通道，将直浇道金属液压力转化为水平速度，减轻对直浇道底部型腔的冲刷，控制内浇道的流量分布。

1.2.4　知识点四：主要的手工造型方法

主要的手工造型方法如表 1－1 所示。常用的手工造型工具如图 1－4 所示。

表 1-1 主要的手工造型方法

造型方法	简图	描述
整模造型	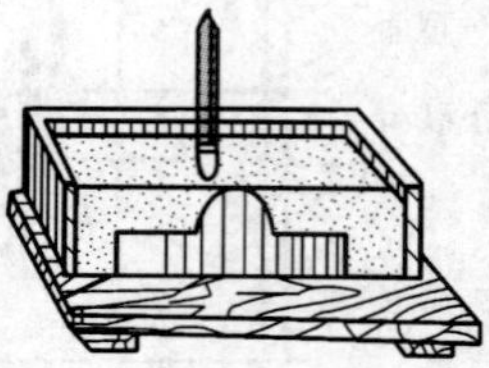	用整体模样来进行造型的方法，其特点是把整体模样放在一个砂箱内，并以模样一端的最大表面作为分型面
分模造型	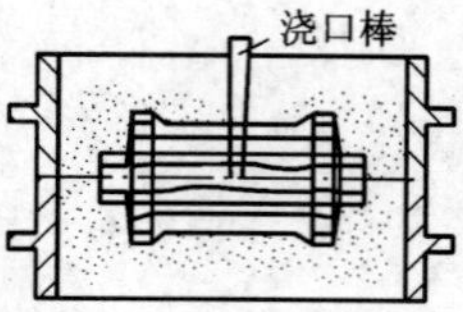	模样沿最大截面处分成两半，型腔位于上、下砂箱内的造型方法叫分箱造型
挖砂造型	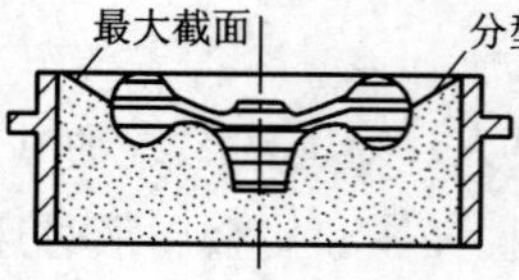	有些铸件（如手轮）的最大截面不在一端，模样又不方便分成两半，可以将模样制成整体，造型时挖出阻碍起模的型砂，这种方法称为挖砂造型法
活块造型	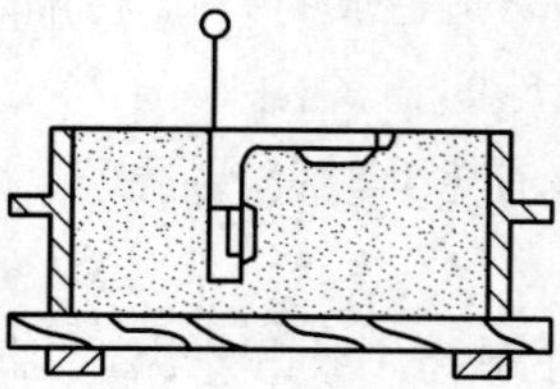	当铸件上有凸起部分妨碍起模时，可将凸台制成活动的活块，起模时，先取出模样主体，再单独取出活块，这种方法称为活块造型法
三箱造型	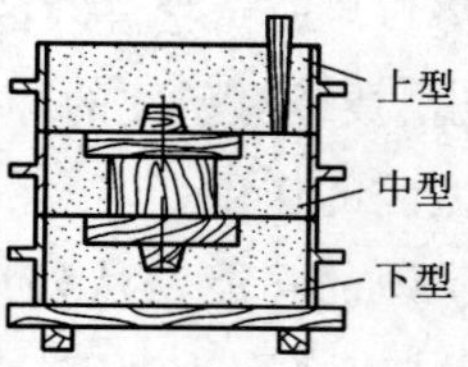	有些形状较复杂的铸件，往往具有两头截面大而中间截面小的特点，这时需要从小截面处分开模样，用两个分型面、三个砂箱造型，这种方法称为三箱造型
刮板造型	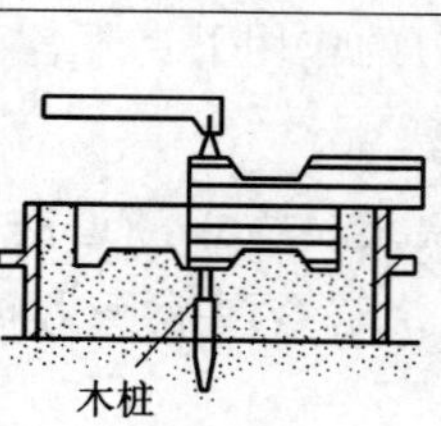	制造回转体或等截面形状的铸件（如弯管）时，为节省制造模样所需的木材和工时，可用与铸件截面形状相应的特制刮板刮制出所需的砂型型腔，这种方法称为刮板造型

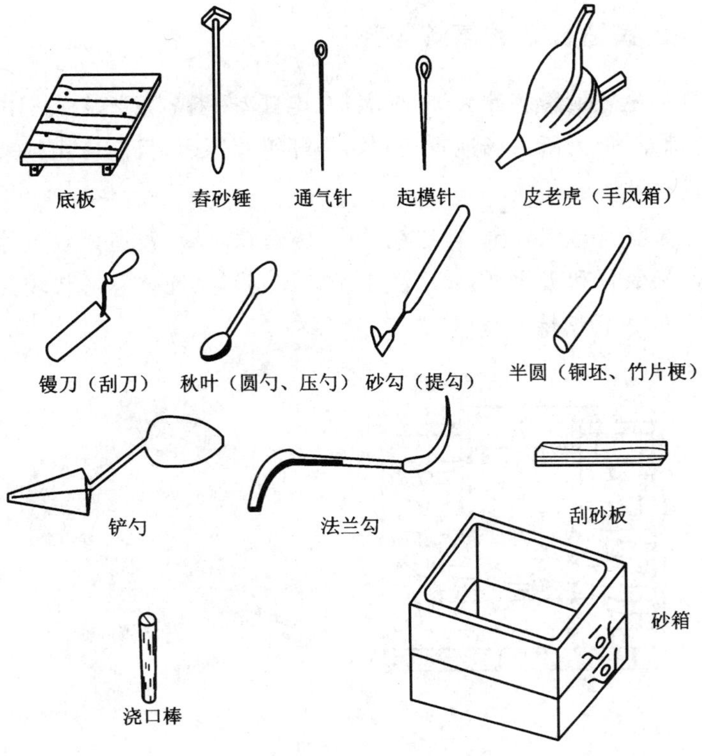

图 1-4　常用的手工造型工具

有些铸件(如手轮)最大截面不在一端,模样又不允许分成两半(模样太薄或制造分模很费事),可以将模样制成整体,在造型时局部被砂型埋住不能取出模样,常采用挖砂造型法,即沿着模样最大截面挖掉一部分型砂,以便起模。挖砂造型操作技术要求高、生产率低,图 1-5 是手轮挖砂造型过程。

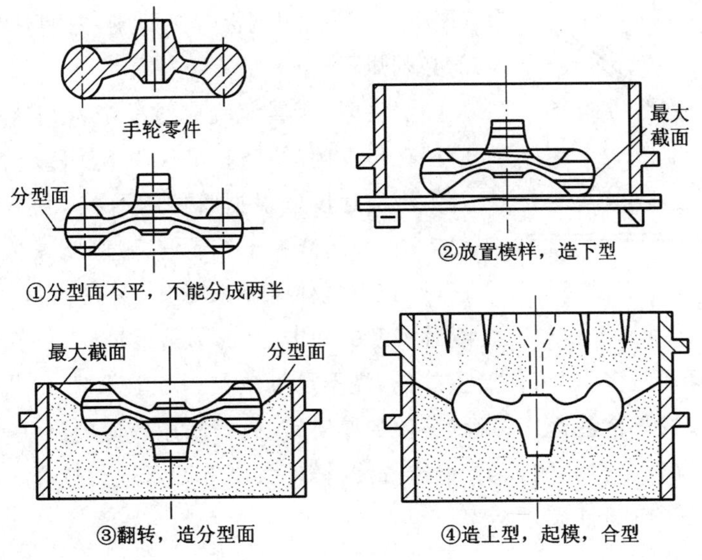

图 1-5　手轮挖砂造型过程

1.2.5 知识点五:铸造合金的熔炼与浇注

铸造合金熔炼的主要设备有冲天炉、坩埚炉、电弧炉和高频炉等。其中,冲天炉具有结构简单、成本低廉的优点,但因所占场地较大和污染环境等原因,目前应用越来越少。

1. 有色合金的熔炼

常用的有色合金有铸造铝合金、铸造铜合金、铸造镁合金、铸造锌合金等。这类合金与钢、铸铁相比,熔点低,易氧化和吸收,因此广泛用于缸体、阀体、壳体等形状较为复杂的薄壁铸件,常用坩埚炉(图 1-6)进行熔炼。

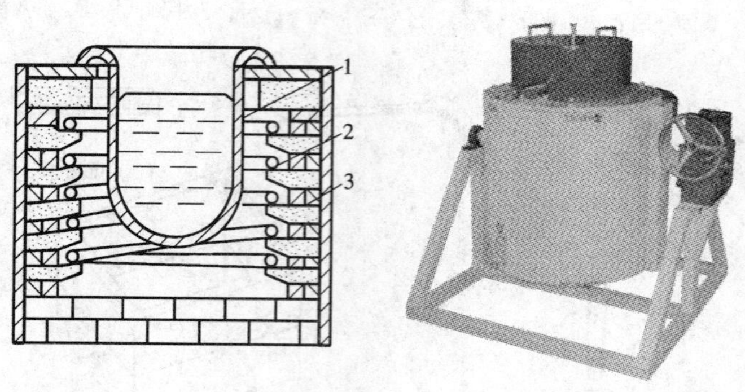

图 1-6 坩锅炉

1—坩锅 2—电阻丝 3—耐火砖

熔炼时,合金置于坩埚中,上面覆盖熔剂隔绝空气,用电阻丝加热坩埚使金属熔化升温。为减少合金的氧化,一般金属液温度不宜过高。

2. 铸型的浇注

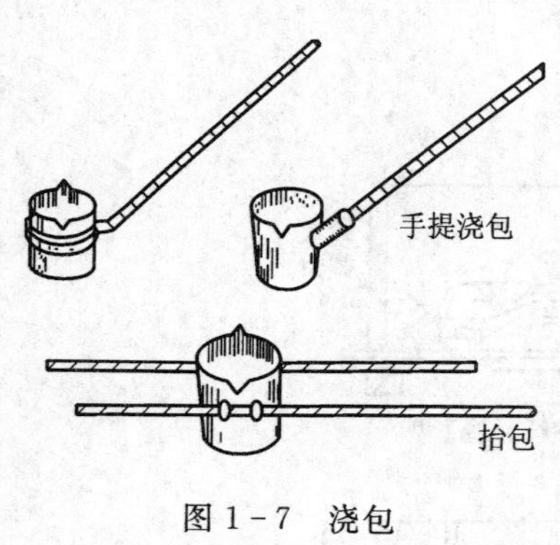

图 1-7 浇包

将金属液从浇包注入铸型的过程称为浇注。浇包(图 1-7)外壳用钢板焊接而成,内壁衬有耐火材料,使用前必须烘干。

浇注时,金属液流应对准浇口,且不得断流;挡渣钩应挡在包嘴附近,防止浇包中熔渣随金属液流入浇口。

浇注速度应根据铸件的形状、大小来决定。浇注速度较快,金属液易于充满铸型型腔,减少氧化。但速度过快,型腔中气体来不及散出,易使铸件产生气孔,且金属液对铸型的冲击力大,易造成冲砂、塌箱等。若浇注速度过慢,会使金属液降温过多,使铸件产生冷隔、浇不足等缺陷。对于薄壁、形状复杂和具有大平面的铸件,应采用较快的浇注速度;形状简单的厚实铸件,可采用较慢的浇注速度。

浇注温度应根据合金材料的种类、铸造方法、铸件大小等因素进行选择。温度过高或过低都会造成铸造缺陷,影响铸件质量。

3. 浇注后处理

铸件落砂、清理是将砂箱分开,清理铸件表面的粘砂、冒口、飞边和氧化皮等,一般在铸件冷却后进行。

1.2.6 知识点六:铸造工艺设计

铸造工艺设计是指根据零件图及其相关要求,编制出一个铸件生产工艺过程的技术文件。铸造工艺设计形成的技术文件主要包括铸造工艺图、铸型装配图、铸件图、模样图、型芯图、砂箱图等。由于每个铸件的生产任务和要求不同,生产条件不同,因此铸造工艺设计的内容也不同。

对于不太重要的单件小批量生产的铸件,铸造工艺设计比较简单。一般选用手工造型,只限于绘制铸造工艺图和填写有关工艺卡,即可投入生产。

对于要求比较高的单件生产的重要铸件和大量生产的铸件,除要详细绘制铸造工艺图,填写工艺卡外,还应绘制铸件图、铸型装配图以及大量的工装图,如模样图、模板图、砂箱图、芯合图、下芯夹具图、检验样板及量具图等。

1.3 实训案例

1.3.1 案例一:整模造型

整模造型是将模样制成与零件形状相应的整体结构来进行造型。特点是把整体模样放在一个砂箱内,并以模样一端的最大表面作为分型面,这种操作方便,不会出现上、下砂型错位(错箱)的缺陷,铸件的形状和尺寸容易得到保证,适用于形状简单的铸件。

图 1-8 为轴承座零件的整模造型过程,具体操作步骤如下。

1)造型前的准备工作　准备造型工具,选择平直的底板和大小合适的砂箱,模样与砂箱内壁及顶部之间应留 30～100 mm 的距离,称为吃砂量,其值视模样大小而定。

2)造下型　将模样放在底板上并放好下砂箱,应注意模样的起模斜度,不要放错,加入型砂,用舂砂锤均匀紧实型砂,然后用刮砂板刮去砂箱表面多余的型砂。舂砂时应注意以下事项:

①舂砂时必须将型砂分次加入,对小砂箱每次加砂厚度 50～70 mm,过多、过少都舂不紧,且浪费工时;

②第一次加砂时需用手将模样按住,并用手将模样周围的砂塞紧,以免舂砂时模样在砂箱中移动;

③舂砂应均匀地按一定的路线进行,以保证砂型各处紧实均匀;

④舂砂时应注意不要舂到模样上;

⑤舂砂用力大小应适当,舂砂用力过大,砂型太紧,浇注时型腔内的气体排不出去,使铸件产生气孔等缺陷,舂砂用力太小,砂型太松易造成塌箱。

3)撒分型砂　下型造好后,翻转,用镘刀修光分型面,造上型前,应在分型面上撒上无黏性的分型砂,以防止上、下箱粘在一起而开不了箱。撒砂时手攥分型砂距砂箱高一些,一边转圈一边摆动,使分型砂从指尖与手掌合拢间隙缓慢而均匀下落,在分型面上薄薄覆盖一层,最后

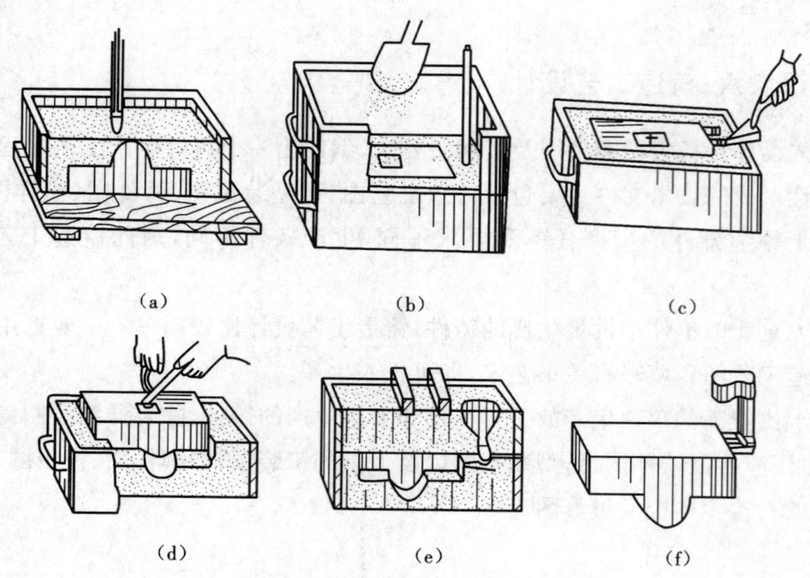

图 1-8 轴承座零件的整模造型过程

(a)造下型 (b) 造上型 (c)开挖内浇道 (d) 取模 (e)合型、放压铁 (f)铸件

应将模样上的分型砂吹掉，以避免在造上型时分型砂粘到上砂型表面，浇注时被金属液冲刷下来，落入铸件，使其产生缺陷。

4)造上型 放好上砂箱，放置浇口棒，加填充砂并舂紧，舂砂过程和造下型相似，紧实度可比下型略松，以利于浇注时型腔里的气体排出，然后刮去多余型砂。

5)扎通气孔 上型舂紧刮平后，要在模样投影面的上方用直径 2～3 mm 的通气针扎出通气孔，以利于浇注时的气体逸出。通气孔要分布均匀，深度适当，然后拔出浇口棒。

6)开外浇口 外浇口应挖成锥形，大端直径 60～80 mm，浇口面应修光，与直浇道连接处应修成圆滑过渡，便于浇注时引导金属液平稳流入铸型。

7)做合箱线 若上下砂箱没有定位销，则应在打开上下型前在砂箱壁上标示合箱线。最简单的办法是在箱壁涂上粉笔灰，用划针画出细线，然后打开上型。

8)起模 起模前要用水笔沾些水，刷在模样周围的型砂上，以增加这部分型砂的强度和可塑性，防止起模时损坏型腔。起模时，起模针的位置要尽量与模样的重心垂直线重合。起模前要用小锤或敲棒轻轻敲打起模针的根部，使模样松动，以利于起模。

9)修型 起模后，型腔如有损坏，应根据型腔形状和损坏程度，使用合适的修型工具进行修补。

10)挖出内浇道 在下砂箱上对应浇口棒的部位挖出内浇道，然后用皮老虎吹去型腔内多余的砂粒。

11)合型、待注 按标记将上砂型合在下砂型上，应使上砂型保持水平下降，紧固上、下砂型，等待浇注。

12)浇注 将金属浇入铸型，经过一段时间冷却后，通过落砂、清理等工序即可得到铸件。

1.3.2 案例二:铸造小飞机示例

1)造型前的准备工作　准备造型工具,选择平直的底板和大小合适的砂箱,擦净飞机模型,如图 1-9 所示。

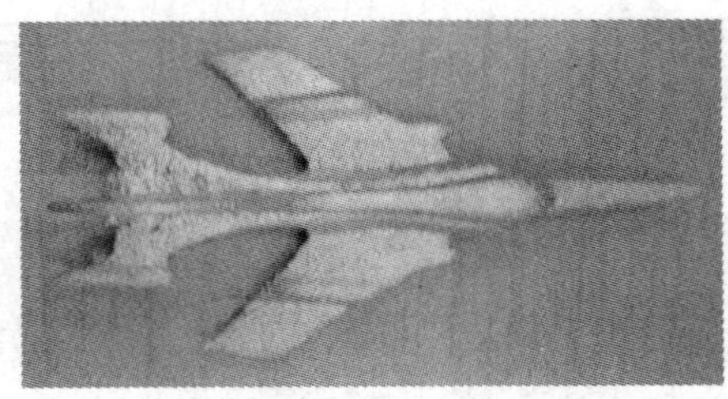

图 1-9　铸造小飞机模型

2)造下型　安放飞机模型,分次加入型砂,如图 1-10 所示。用手按住飞机模型并塞紧模型周围的型砂,如图 1-11 所示。舂砂路线如图 1-12 所示。

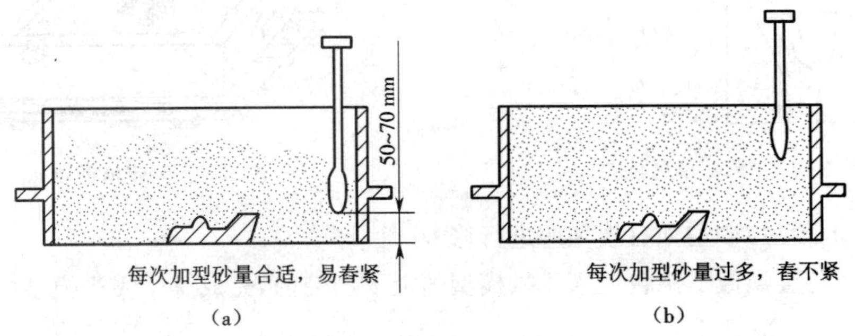

图 1-10　型砂加入量示意

(a)正确　(b)错误

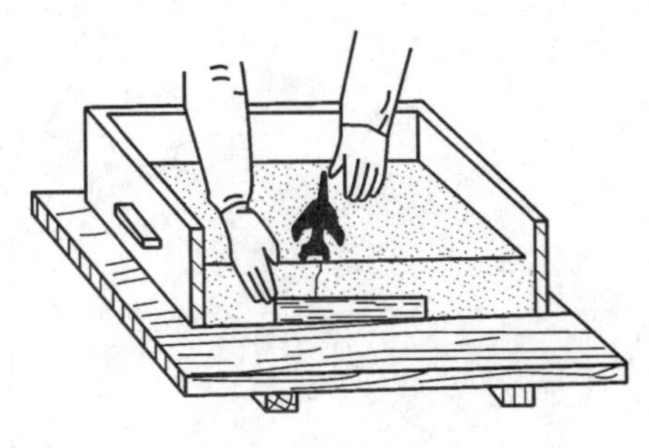

图 1-11　型砂塞紧

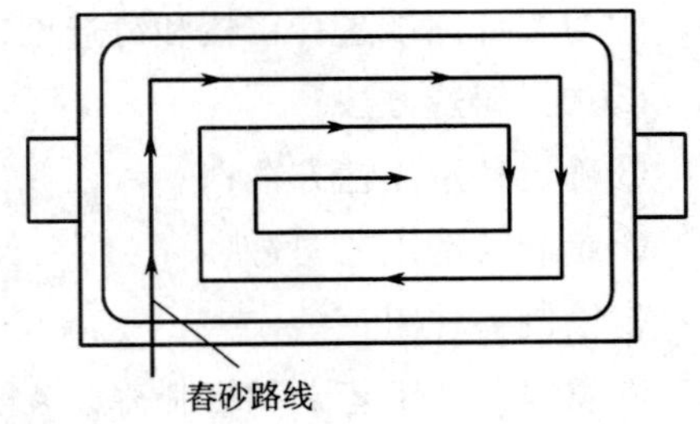

图 1-12　舂砂路线

3)撒分型砂　用皮老虎吹去撒在模型上的分型砂。

4)造上型　放好上砂箱,放置浇口棒,加填充砂并舂紧,然后刮去多余型砂。

5)扎出气孔　在飞机模型投影面范围内的上方扎出气孔,如图 1-13 所示。

6)开外浇口　将外浇口挖成漏斗形,如图 1-14 所示。

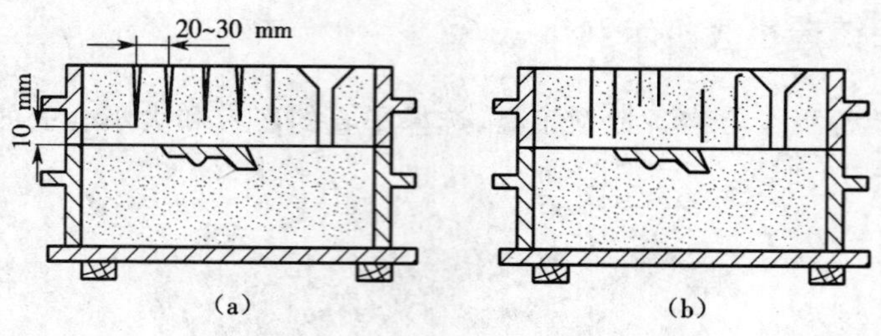

图 1-13　扎出气孔

(a)正确　(b)错误

7)分箱　分开上下箱体。

8)起模　起模前用水笔沾些水刷在模样周围的型砂上,如图 1-15 所示。

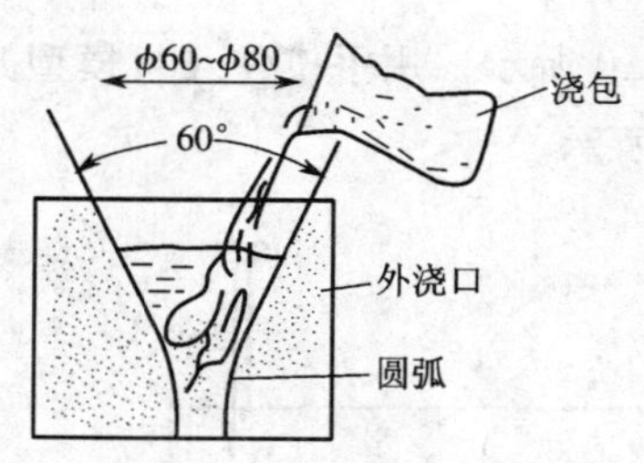

图 1-14　漏斗形外浇口

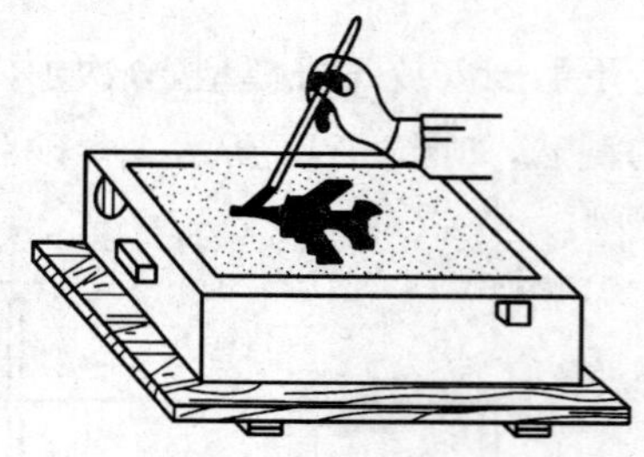

图 1-15　起模前刷水

9)修型　起模后,砂型如有损坏应进行修补。

10)浇注　将金属液从浇包注入飞机模型的上下型腔内,完成整个飞机模型的浇注过程。

1.3.3　案例三:支座零件铸造工艺设计

支座零件图如图 1-16 所示。

铸造工艺设计主要包括以下内容:

①对零件图纸进行审核和铸造工艺性分析;

②选择铸造方法;

③确定铸造工艺方案;

④绘制铸造工艺图;

⑤绘制铸件图;

⑥填写铸造工艺卡和绘制铸型装配图;

⑦绘制各种铸造工艺装备图纸。

其中,铸造工艺方案的确定是整个铸造工艺设计的关键内容,主要包括造型和造芯方法、铸型种类、铸造参数、浇注位置和分型面的确定等。

本例中,在引导学生依次进行上述内容的分析后,得到如图 1-17 所示的铸造工艺图。

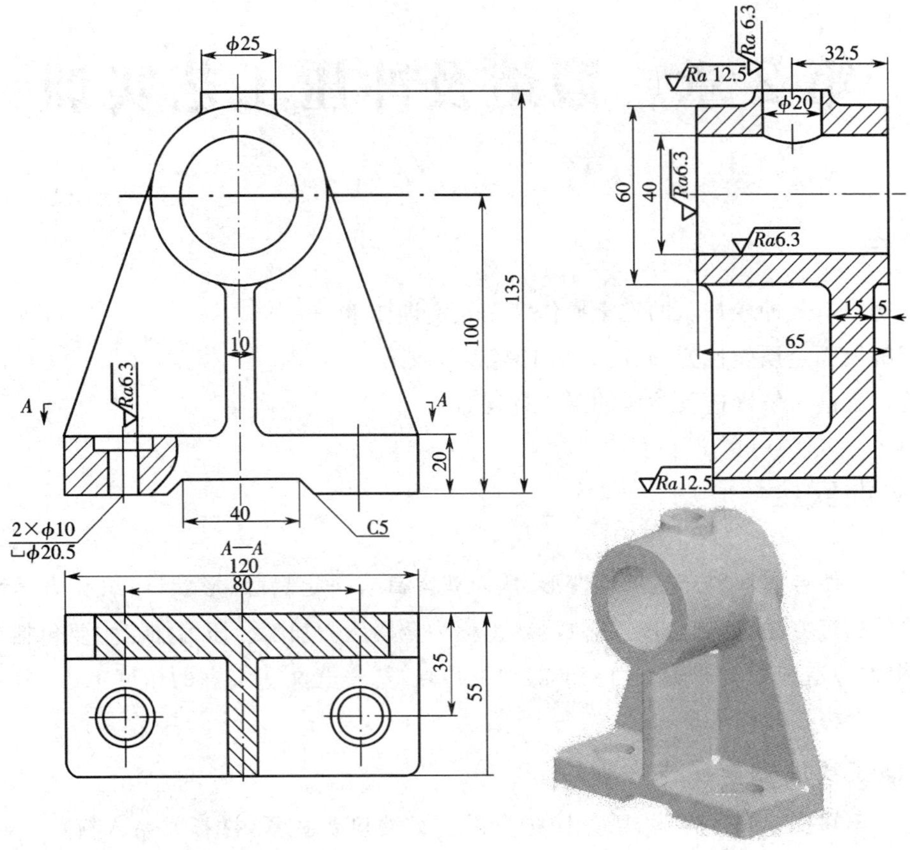

图 1 - 16　支座零件图

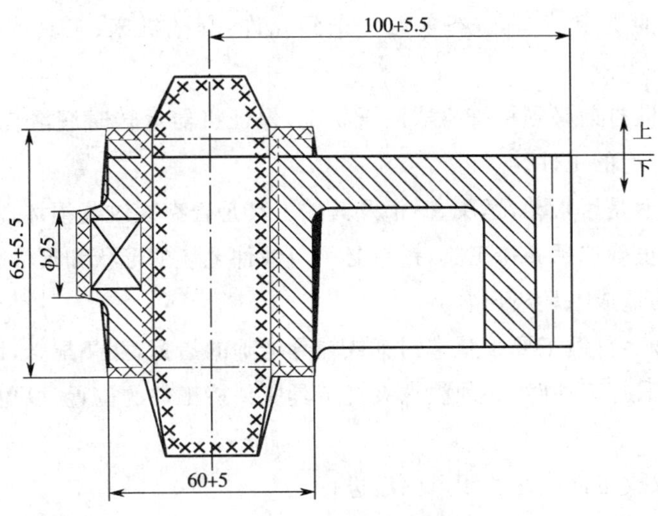

图 1 - 17　铸造工艺图

第 2 章 锻造及冲压工艺实训

学习重点

- 了解锻造及冲压加工的安全操作守则及实训要求。
- 了解巩固金属塑性变形、压力加工等基本知识。
- 通过案例了解锻造及冲压的工艺过程。

2.1 实训安全

利用外力使金属坯料产生塑性变形，从而获得具有一定尺寸、形状、组织和力学性能的毛坯或零件的加工方法，称为金属固态成形，也称为金属压力加工。压力加工主要包括锻造和板料冲压，根据锻造和板料冲压受力变形的加工特点，从安全文明实训的角度考虑，学生在参加实训时必须严格遵守以下事项。

一、锻工实训安全操作守则

①进入车间要穿好工作服，戴好防护用品。大袖口要扎紧，衬衫要系入裤内。不得穿凉鞋、拖鞋、高跟鞋、背心、裙子和戴围巾进入车间。

②严禁在车间内追逐、打闹、喧哗以及从事与实习无关的事情。

③应使用指定的机床、工具进行实习。未经允许，其他机床、工具或电器开关等均不得触摸。

④使用空气锤锻打前必须检查机器润滑状况，保证机器运转时润滑良好。严禁空击下砥铁，不许打过烧与过冷的工件。

⑤随时检查锤柄是否松动，锤头、砧子及其他工具是否有裂纹或损坏现象。

⑥锻打前必须正确选用夹持工具，钳口必须与锻件毛坯的形状和尺寸相符合，否则在锤击时，因夹持不紧容易造成毛坯飞出。

⑦手工自由锤时，打锤工要听从掌钳工或辅导老师的指挥，互相配合，以免伤人。

⑧使用空气锤锻打工件时，必须注意夹持工具所夹持工件的位置，以免锤头落下打飞夹持工具。

⑨清理炉子，取放工件应在关闭风门后进行。

⑩取出加热的工件时，要注意观察周围人员情况，避免工件烫伤他人。不可直接用手或脚去接触金属料，以防烫伤。严禁用烧红的工件与他人开玩笑，避免造成人身伤害。

⑪切断料头时，在飞出方向不应站人。

⑫当天实习结束后，必须清理工具和设备，清扫工作现场。

二、冲压实训安全操作守则

①采用机械压力机进行冲裁、成形时，应遵守本规程；进行锻造或切边时，还应遵守锻工有关规程。

②暴露在外的传动部件必须安装防护罩，禁止在卸下防护罩的情形下开车或试车。

③开车前应检查设备及模具的主要紧固螺栓有无松动，模具有无裂纹，操纵机构、急停机构或自动停止装置、离合器、制动器是否正常。必要时，对大型冲床可开动点动开关试车，对小型冲床可用手板试车，试车过程要注意手指安全。

④模具安装调试应由经培训的模具工进行；安装调试时应采取垫板等措施，防止上模零件坠落伤手。冲压工不得擅自安装调试模具。模具的安装应使闭合高度正确；尽量避免偏心载荷；模具必须紧固牢靠，经试车合格，方能投入使用。

⑤工作中要集中注意力。禁止边操作、边闲谈或抽烟。送料、接料时严禁将手或身体其他部分伸进危险区内。加工小件应选用辅助工具(专用镊子、钩子、吸盘或送接料机构)。模具卡住坯料时，只准用工具去解脱和取出。

⑥两人以上操作时，应定人开车，统一指挥，注意协调配合。

⑦发现冲床运转异常或有异常声响(如敲击声、爆裂声)，应停机查明原因；传动部件或紧固件松动，操纵装置失灵发生连冲，模具裂损应立即停车修理。

⑧在排除故障或修理时，必须切断电源、气源，待机床完全停止运动后方可进行。

⑨每冲完 1 个工件，手或脚必须离开按钮或踏板，以防止误操作。严禁用压住按钮或脚踏板的办法使电路常开进行连车操作。

⑩操作中应站稳或坐好。他人联系工作应先停车，再接待。无关人员不许靠近冲床或操作者。

⑪冲床工作台上禁止堆放坯料或其他物件，废料应及时清理。

⑫工作完毕，应将模具落靠，切断电源和气源，并认真收拾所用工具和清理现场。

2.2 基本知识点

2.2.1 知识点一：设备结构

空气锤结构如图 2-1 所示。剪板机和曲柄压力机外观如图 2-2 所示。

1. 空气锤工作原理

电动机 11 通过减速机构 10 及曲柄连杆机构 14 带动压缩缸 9 内的压缩活塞 13 上下往复运动，将压缩空气经上、下旋阀 7、6 送入工作缸 8 的上腔或下腔，驱使锤杆和锤头上下运动进行打击。通过踏杆 1 的操纵控制阀可实现锻锤空转、提锤、锤头下压、连续打击和单次锻打等多种动作，以满足锻造的各种需要。

2. 剪板机工作原理

剪板机工作原理如图 2-3 所示。手动换向阀 6 推向左位(即左位接入系统)，此时活塞在

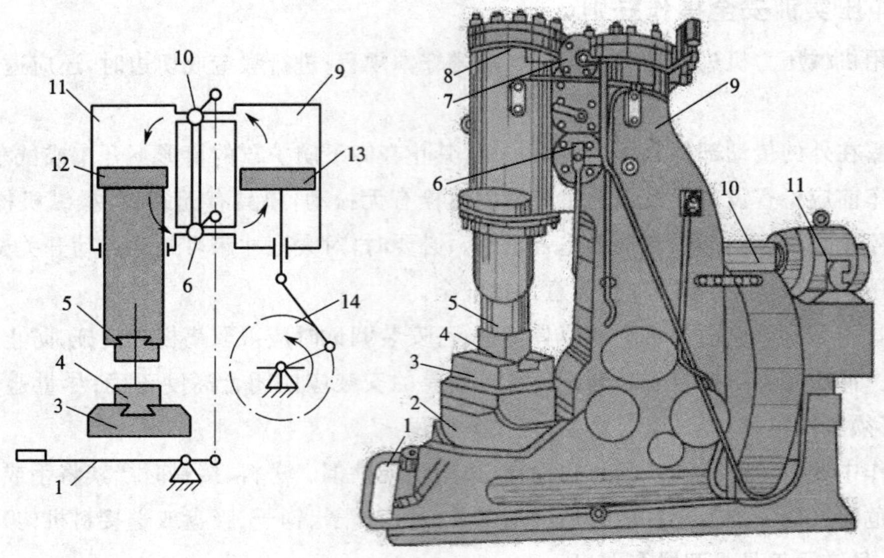

图 2-1　空气锤结构及工作原理

1—踏杆　2—砧座　3—砧垫　4—下砥铁　5—上砥铁　6—下旋阀　7—上旋阀　8—工作缸　9—压缩缸　10—减速机构　11—电动机　12—压缩活塞　13—压缩活塞　14—曲柄连杆机构

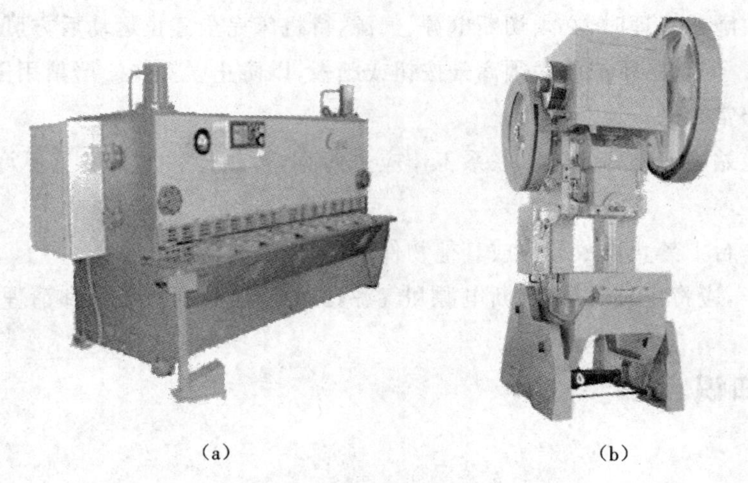

(a)　　(b)

图 2-2　剪板机和曲柄压力机

(a)剪板机　(b)曲柄压力机

压力作用下向下运动，对板料进行剪切加工。加工完后，将手动换向阀 6 的手柄推向右位(即右位接入系统)，活塞向上运动，刀片上抬到一定位置，将手动换向阀 6 的手柄推入中位，活塞停在此位置。剪切第二次时，重复上述操作。

3. 冲床工作原理

曲柄压力机是通过传动系统把电动机的运动和能量传递给曲轴，使曲轴作旋转运动，并通过连杆使滑块产生往复运动，从而实现冲压加工的运动及动力要求。图 2-4 为曲柄压力机的工作原理图。电动机 1 通过皮带轮 2、小齿轮 3、大齿轮 4(飞轮)和离合器 5 带动曲轴旋转，再

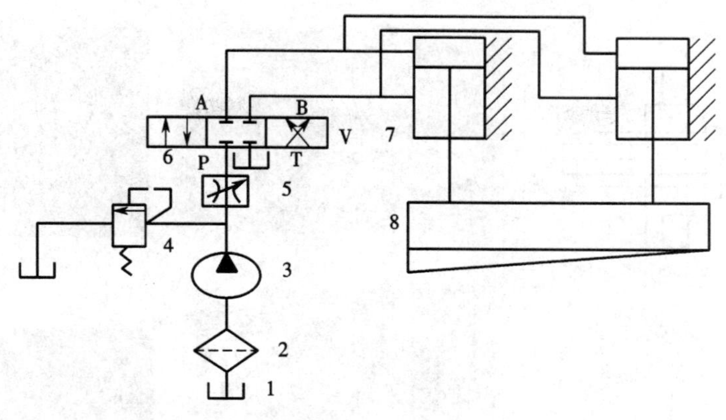

图 2-3　剪板机工作原理

1—油箱　2—粗过滤器　3—液压泵　4—溢流阀　5—调速阀
6—手动换向阀　7—液压缸　8—滑块

通过连杆 6 使滑块 7 在机身的导轨中作往复运动。将模具的上模固定在滑块 7 上，下模固定在机身工作台上，压力机便能带动上、下模对材料加压，依靠模具将其制成工件。离合器 5 由脚踏板通过操纵机构操纵，在电动机不停机的情况下可使曲柄滑块机构运动或停止。制动器与离合器密切配合，可在离合器脱开后将曲柄滑块机构停止在一定的位置上（一般是在滑块处于上止点的位置）。大齿轮 4 还起飞轮的作用，使电动机的负荷均匀有效地利用能量。

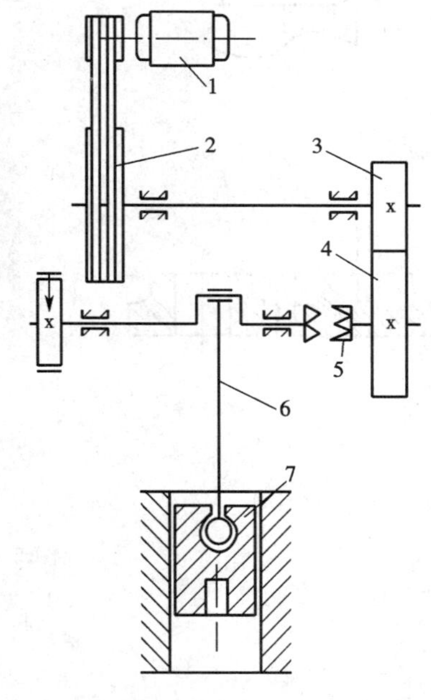

图 2-4　曲柄压力机工作原理

1—电动机　2—皮带轮　3—小齿轮　4—大齿轮
5—离合器　6—连杆　7—滑块

2.2.2　知识点二：自由锻主要工序

锻造过程必须采用若干工序按一定的顺序组合。自由锻的主要工序包括镦粗、拔长、冲孔、弯曲等，主要工序如图 2-5 所示。

2.2.3　知识点三：模型锻造

模型锻造是将加热后的坯料放入具有一定形状和尺寸的锻模模腔内并施加冲击力或压力，使其在有限制的空间内产生塑性变形，从而获得与锻模形状相同的锻件的加工方法。

模锻与自由锻相比具有生产率高，锻件形状和尺寸准确，加工余量小，材料利用率高，锻造流线完整等优点，有利于提高零件的力学性能，可锻造形状较为复杂的锻件。但模锻设备投资大，模具制造周期长，成本高，且模锻生产还受到设备吨位的限制。因此，模锻适合于中小型锻件的大批量生产。目前，模型锻造已广泛应用于汽车、航空航天、国防工业和装备制造业。图 2-6 为一汽车曲轴模锻件和锻模。

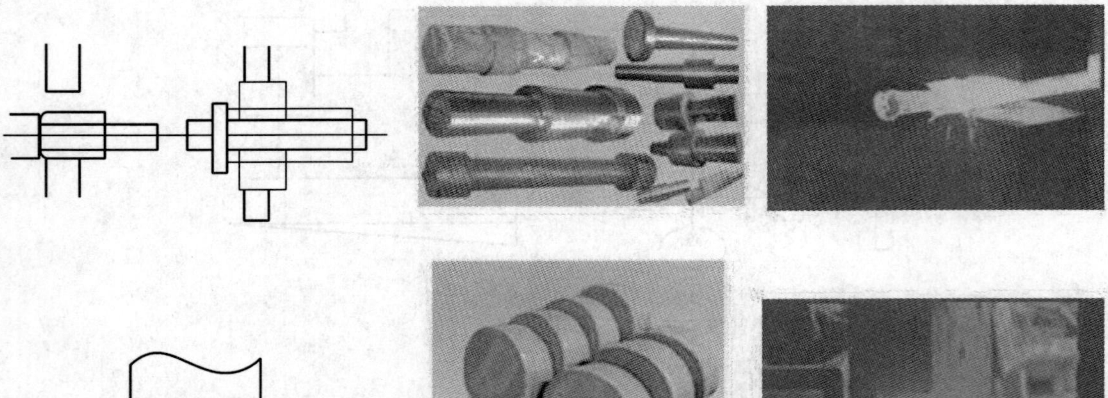

(a) (b) (c)

图 2-5　自由锻成形主要工序

(a)工艺示意　(b)制件　(c)生产场景

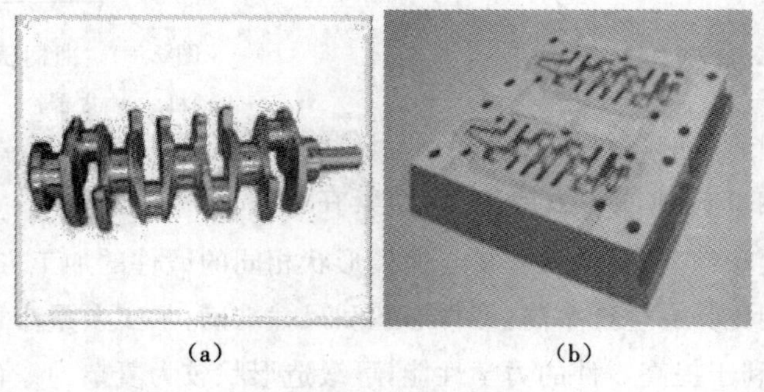

(a) (b)

图 2-6　曲轴模锻件和锻模

(a)模锻件　(b)锻模

模锻按使用设备的不同分为锤上模锻和压力机模锻两种。在模锻锤上进行锻造生产的方法称为锤上模锻。锤上模锻因其工艺适应性较强，且设备价格较低，是目前应用最广泛的模锻工艺。

2.2.4 知识点四：板料冲压

板料冲压是通过装在冲床上的冲压模具对金属板料施压，使之产生分离或变形，从而获得所需形状、尺寸和性能的零件或毛坯的加工方法。这种方法通常是在常温条件下加工，故又称为冷冲压。板料冲压是金属塑性加工的基本方法之一。适用于板料冲压的材料是具有较好塑性的金属板材，如低碳钢、奥氏体不锈钢、铜或铝及其合金等。

板料冲压尺寸精度高，表面光洁，质量轻，刚度好，一般不再进行机械加工。冲压工艺过程易于实现机械化和自动化，生产率高。因此，在机械制造中得到广泛应用，特别是在汽车、电器、仪表及日用品生产中占有重要地位。

板料冲压过程分为分离和变形两大工序。分离工序是使板料按不封闭轮廓线分离的工序，称为切断，通常是在剪床上将大板料或带料切断成适合生产的小板料、条料。变形工序包括冲裁、拉深、弯曲等，工艺过程如图 2-7 所示。

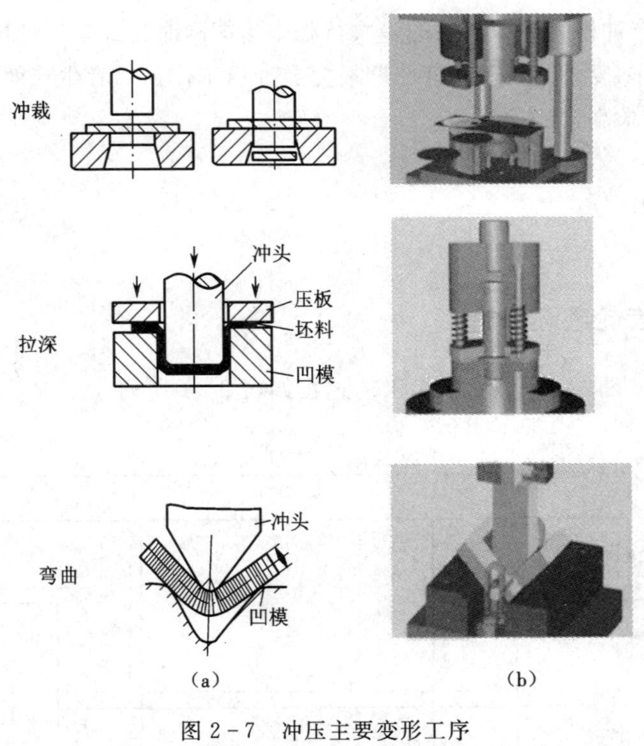

图 2-7　冲压主要变形工序

(a)变形示意　(b)加工示意

2.2.5 知识点五：冲压模具

冲压模具是保证冲压质量和效率的关键部件。冲压模具按组合方式分为简单冲模、连续冲模和复合冲模三种。

简单冲模在冲床滑块的一次行程中只完成一道工序，适用于小批量生产。图 2-8 为单工序冲模图。冲模分上模（凸模）和下模（凹模）两部分。上模借助模柄固定在冲床滑块上，随滑块上下移动，下模通过下模板由凹模压板和螺栓安装在冲床平台上。

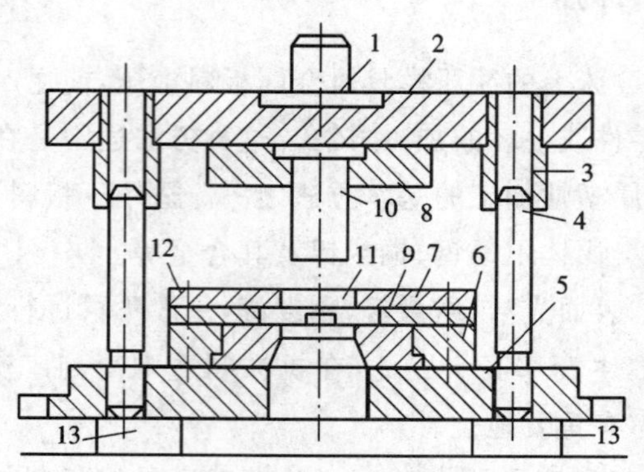

图 2-8　单工序冲模图

1—模柄　2—上模板　3—导套　4—导柱　5—下模板　6—压板　7—凹模
8—凸模固定板　9—导料板　10—凸模　11—定外销　12—卸料板　13—基座

连续冲模和复合冲模在冲床滑块的一次行程中均能同时完成多道冲压工序。连续模在不同工位完成冲压工作，复合模利用一套凸凹模完成冲压工作。二者生产效率高，容易实现自动化，但是模具精度要求高，成本高。

2.3　实训案例

2.3.1　案例一：齿轮毛坯锻造

齿轮毛坯锻件如图 2-9 所示，加工工艺过程如表 2-1 所列。

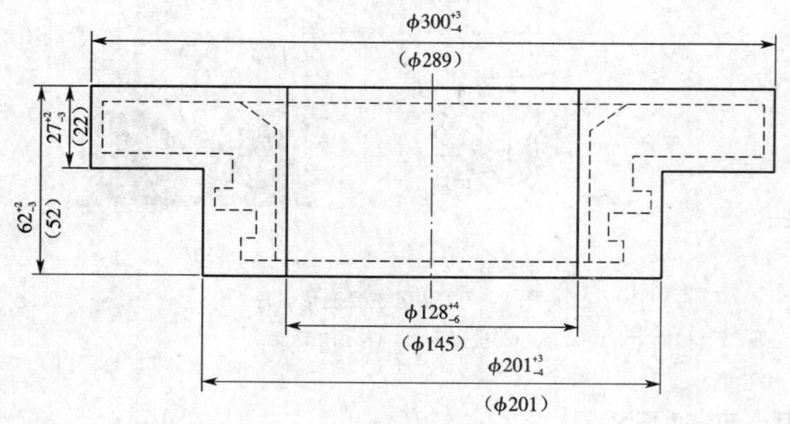

图 2-9　齿轮毛坯锻件

锻件名称：齿轮坯。

锻件材料:45 钢。

生产数量:20 件。

坯料规格:$\phi20\times220$。

设备:750 kg 空气锤。

锻造温度:800～1 200 ℃。

表 2-1 齿轮毛坯的自由锻工艺过程示例

序号	工序名称	简图	操作方法	工具
1	镦粗	$\phi160$, 124	平砧镦粗至 $\phi160\times124$	火钳
2	垫环局部镦粗	$\phi288$, 40, $\phi160$	采用垫环局部镦粗	火钳镦粗垫环
3	冲孔	$\phi80$	双面冲孔	火钳、$\phi80$ 的冲子
4	冲子扩孔	$\phi128$	扩孔分两次进行,每次径向扩孔量分别为 25、23	火钳、$\phi105$ 和 $\phi128$ 的冲子
5	修整	$\phi212$, 62, $\phi128$, 28, $\phi300$	边旋边轻打至外径 300 后,轻打平面至 62	火钳、冲子、镦粗垫环

2.3.2 案例二:金属小盒制作

金属小盒如图 2-10 所示,加工工艺过程如下所列。

1. 放样与下料

1)放样　将产品实例的形状和尺寸进行几何展开,这里主要是把金属小盒的侧面、端面及卷边的投影呈水平或竖直展开,形成展开图纸。

2)下料　产品几何展开后,根据公式计算,把金属小盒整板的下料尺寸计算出来。下料工具为剪板机。

2. 划线

1)划线基准　找出裁剪后整张板的垂直角,分别以直角相邻的两边作为水平和竖直方向的基准线。

2)正确绘制折弯线及冲角线。划线工具有钢板尺、直角尺、划针。

3. 剪角与冲角

1)剪角　制作的金属小盒要求“滴水不漏”。

2)冲角　使用小型冲压机冲掉折弯角多余材料，如图 2 - 11 所示。

使用工具有薄边铁剪、直角冲压机。

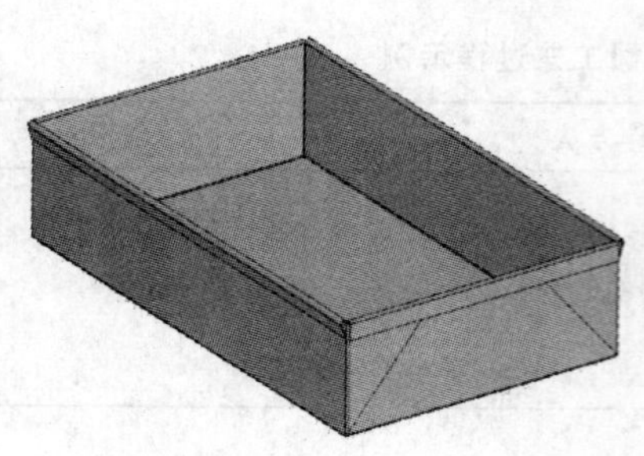

图 2 - 10　金属小盒

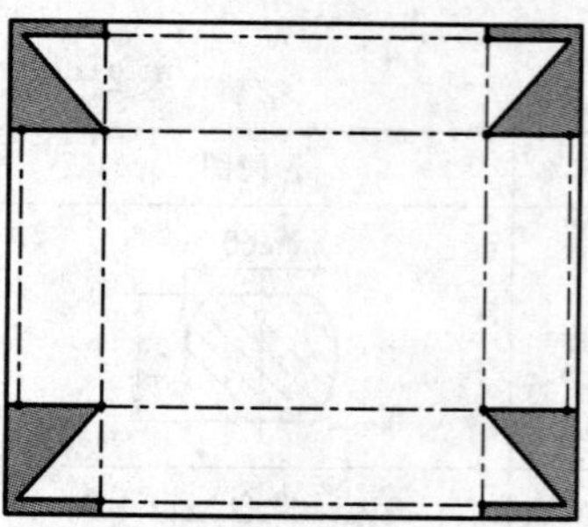

图 2 - 11　剪角与冲角

4. 折弯

①制作的金属小盒要求“横平竖直”，折弯高度要求准确，折弯线平行。

②折弯顺序为先折小边再折大边，侧边与端面为顺序折弯。

使用工具为折弯机、木锤(用于折弯修复)。

5. 收边整形

①利用折弯机折出三组垂直面，另一侧端面手工操作。

②将端面的卷边抱紧包角，固定折边区。

③侧边卷边。

2.3.3　案例三：连接件冲压工艺分析

连接件如图 2 - 12 所示。该零件材料采用 Q235—A 钢板制造，厚度 1.2 mm，大批量生产。

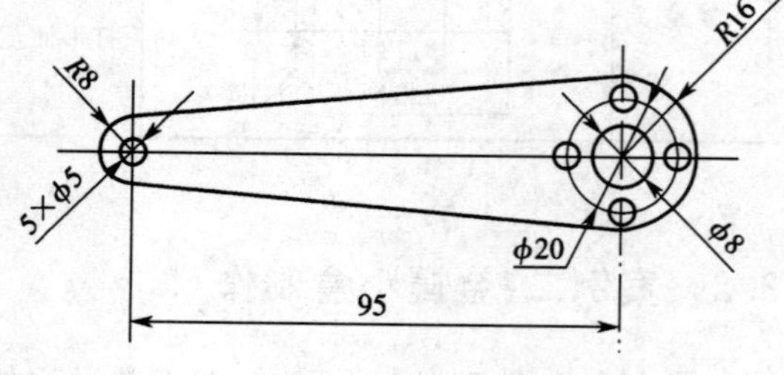

图 2 - 12　连接件

零件冲压工艺分析过程如下。

1)冲压件分析　该零件材料采用 Q235—A 钢板制造，厚度 1.2 mm，大批量生产。

2)工序分析　该零件从结构上看主要通过条料剪切、落料、冲孔三道工序。

3)冲压模具工艺分析　有三种选择方案：

①单工序模，先落料，后冲孔，效率较低，精度不够；

②复合模，落料—冲孔复合冲压，但模具强度较低，操作麻烦；

③级进模，冲孔—落料级进冲压，冲压件精度和模具强度都能保证，效率也高，其结构如图 2 - 13 所示。

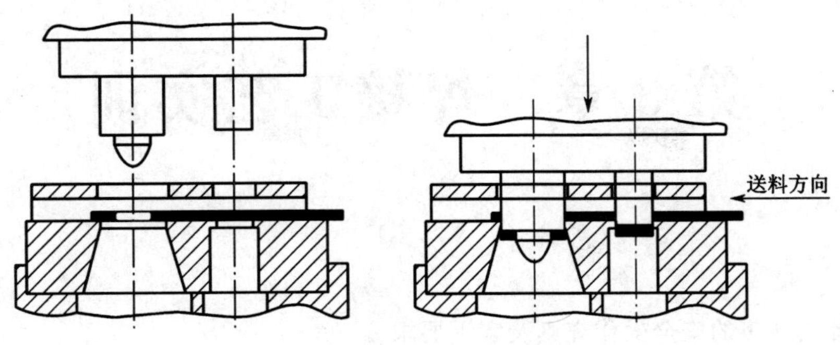

图 2-13　级进模结构

4)冲压模具设计　包括以下内容：

①冲压力的大小计算；

②排料方式的确定计算；

③压力中心的确定及相关计算；

④冲压件刃口尺寸的计算；

⑤卸料橡胶的设计。

冲压模具采用级进模结构时模具设计内容主要包括:①导料板无侧压装置,挡料销初步定距,导正销精确定距;②采用弹性卸料,下出件;③导向方式采用中间导柱,两个导正销分别借用工件上 ϕ5 mm 和 ϕ8 mm 两个孔作为导正孔;④还包括导料板、卸料部件模架及其他零部件的设计。

5)冲压模具制造　采用一般线切割机床完全能达到冲压件要求的精度。

第3章　焊接工艺实训

学习重点

- 了解焊接加工的安全操作守则及实训要求。
- 了解巩固焊接原理、加工工艺等基本知识。
- 通过案例了解零件焊接的工艺过程。

3.1　实训安全

焊接是工程领域应用最广泛、最可靠的金属连接工艺。由于焊接工艺是一个高温加工过程，操作人员距离高温热源很近，因此安全操作显得尤为重要。从安全文明实训的角度考虑，学生在参加实训时应了解焊接环境的有害因素，焊接实训时必须严格遵守安全操作守则。

一、焊接的有害因素

焊接有害因素包括化学和物理两大类。前者主要是焊接烟尘和有害气体，后者有电弧辐射、高频电磁场、放射线和噪声等，受害面最广的是焊接烟尘和有害气体。焊接烟尘和有害气体的产生及其成分与所用的焊接方法和焊接材料密切相关，以下是产生焊接烟尘和有毒气体的情况。

①高温焊接热源使熔化的金属或金属化合物蒸发、凝结和氧化而产生烟尘，其强烈程度与热源集中或热输入有关。

②焊件表面存在的涂层或镀层（如含锌或镀铬等）会产生相应的烟尘。

③钢材的焊条电弧焊、CO_2 气体保护焊以及自保护焊丝电弧焊产生较大的烟尘和有害气体，烟尘的主要成分是铁、硅，其中主要毒物是锰。采用镀铜焊丝的气体保护焊，烟尘中还存在毒物铜；采用低氢型焊条，烟尘中的主要毒物是氟。

④焊条电弧的烟尘中含有较多的 Fe_2O_3，毒性不大，颗粒较细（小于或等于5微米），但长时间接触可能形成电焊尘肺（铁尘肺）。

⑤碳弧气爆烟尘较大，其中还存在有毒成分铜，它来自镀铜电极。

⑥毒性气体主要是臭氧（O_3）和氮氧化物（NO_x，主要是 NO 和 NO_2），它们是由电弧的紫外线辐射作用于环境空气中的氧和氮而产生的，臭氧的浓度与焊接材料、保护气体和焊接工艺参数有关。

⑦铝和铝合金氩弧焊的有毒气体主要是臭氧和氮氧化物，其他非铁金属（如铜、镍、镁及其合金等）的氩弧焊有相应金属烟尘。

⑧CO_2气体保护焊起弧时 CO 含量较高，在封闭空间内焊接时需采取通风措施。一般烟

尘越多，电弧辐射越弱，有毒气体含量越低；反之，电弧辐射越高，有毒气体含量越高。

二、焊工实训安全操作守则

①进入车间要穿好工作服，大袖口要扎紧，衬衫要系入裤内，不得穿凉鞋、拖鞋、高跟鞋、背心、裙子和戴围巾等。

②严禁在车间内追逐、打闹、喧哗、阅读与实习无关的书刊、背诵外语单词、收听广播和音乐等。

③应在指定的焊机上进行实训，未经允许，其他设备、工具或电器开关等均不能触摸。

④焊前应检查焊机接地是否良好，焊钳和电缆的绝缘是否良好。

⑤焊接时应站在木垫板上，不许赤脚操作，不准赤手接触导电部分，防止触电。

⑥为防止有害的紫外线与红外线伤害身体，必须戴上手套与面罩，以防弧光灼伤和烫伤。

⑦击渣时要注意敲击方向，以防焊渣飞出伤人。工件焊后不准直接用手拿，应用铁钳夹持。

⑧ 氧气瓶、氩气瓶和二氧化碳气瓶不得撞击和烘烤暴晒。氧气瓶嘴不许有油脂或其他易燃品，扳手不得有油污。

⑨乙炔瓶周围不许有火星，与氧气瓶要相隔一定距离放置。

⑩实训完成后要清理好场地及设备工具。

3.2 基本知识点

3.2.1 知识点一：手工电弧焊原理及过程

焊接的实质是使两个分离的物体通过加热或加压，或两者并用，同时填充材料，借助于原子间或分子间的联系与质点的扩散作用形成一个整体的过程。手工电弧焊焊接过程如图 3-1 所示。

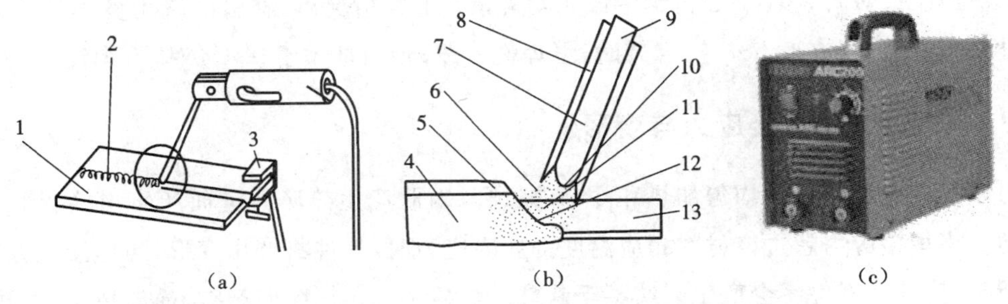

图 3-1 手工电弧焊焊接过程

(a)焊接操作 (b)焊缝区域 (c)焊接电源

1—工件 2—焊缝 3—电极夹子 4—焊缝 5—焊渣 6—外层气体 7—焊条芯 8—焊条外层涂料 9—电焊条(负极) 10—电弧 11—材料的过渡段 12—熔池 13—工件(正极)

由焊接电源供给、具有一定电压的两极间或电极与母材间在气体介质中产生的强烈而持

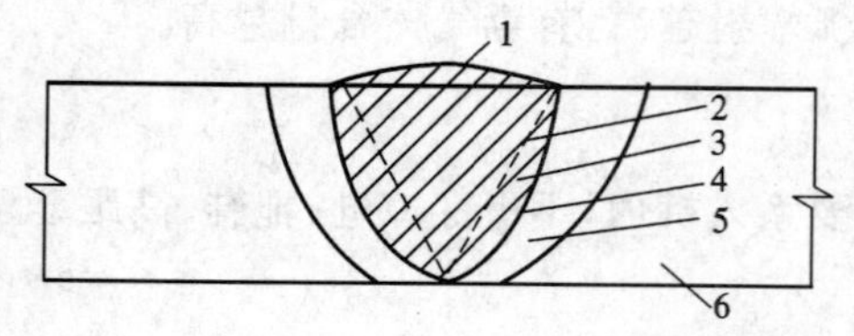

图 3-2　焊接接头结构

1—焊缝金属　2—坡口面　3—熔化区

4—熔合区　5—热影响区　6—母材

久的放电现象称为焊接电弧。电弧燃烧后，弧柱中充满了高温电离气体，放出大量的热能和强烈的光。焊接接头结构如图 3-2 所示。

电焊条是手工电弧焊用的焊接材料，由药皮和焊芯两部分组成。

焊芯一般是一个具有一定长度及直径的金属丝。焊接时，焊芯一方面作为焊接电极，传导焊接电流，产生电弧；另一方面焊芯熔化后又作为焊缝的填充金属。焊芯的化学成分直接影响焊缝质量，因此通常由含碳、硫、磷较低的专用优质低碳钢丝制成。

药皮是压涂在焊芯表面上的涂料层，涂料由矿物质、有机物、铁合金等粉末和水玻璃（黏结剂）按一定比例配制而成。药皮的作用是引弧并稳定电弧，保持熔池内的金属液不被氧化，脱去焊缝金属的有害杂质，并可弥补被烧损的合金元素，从而提高焊缝的力学性能。

3.2.2　知识点二：材料可焊性的概念

金属材料的可焊性是指材料在限定的施工条件下，焊接成按规定设计要求的构件，并满足预定服役要求的能力。可焊性是材料在焊接过程中表现出来的工艺性能。一般而言，钢材的含碳量越低，其可焊性越好。通常用碳当量评价钢材的可焊性。碳当量是指将钢铁中各种合金元素对材料性能的影响折算成相当于碳对材料性能影响的含量。碳素钢中决定力学性能和可焊性的主要因素是含碳量。合金钢（主要是低合金钢）中除碳以外各种合金元素对钢材的可焊性也起着重要作用。为便于表达这些材料的焊接性能，通过大量试验数据统计，得到碳当量值，用来估测材料的可焊性。

碳钢及合金结构钢的碳当量经验公式为

$$C_{当量}=[C+Mn/6+(Cr+Mo+V)/5+(Ni+Cu)/15]\times 100\%$$

式中 C、Mn、Cr、Mo、V、Ni、Cu 为钢中该元素含量。通常情况下，材料的碳当量小于 0.2%时，可焊性良好；碳当量在 0.2%～0.4%时，可焊性一般；碳当量大于 0.4%时，可焊性较差。

3.2.3　知识点三：焊接应力与变形

由于焊接过程是一不均匀加热和冷却的过程，因此产生热应力进而产生焊接变形是难以避免的。当焊接应力超过该材料相应温度的屈服应力时，焊件将产生变形；当焊接应力超过材料的断裂应力时，焊件将会产生裂纹甚至断裂。焊接裂纹包括纵向裂纹、横向裂纹、内部裂纹、根部裂纹等；焊接变形的基本形式有角变形、弯曲变形、波浪变形、收缩变形、扭曲变形等，如图 3-3 所示。

为防止焊件变形，应从结构设计和工艺措施两方面考虑。设计焊接结构时，焊缝位置应尽量对称，在保证结构有足够承载能力的条件下，尽量减少焊缝的长度和数量。工艺方面，可采取反变形法、刚性固定法、合理安排焊接次序、焊前预热等方法防止或减少焊接变形。

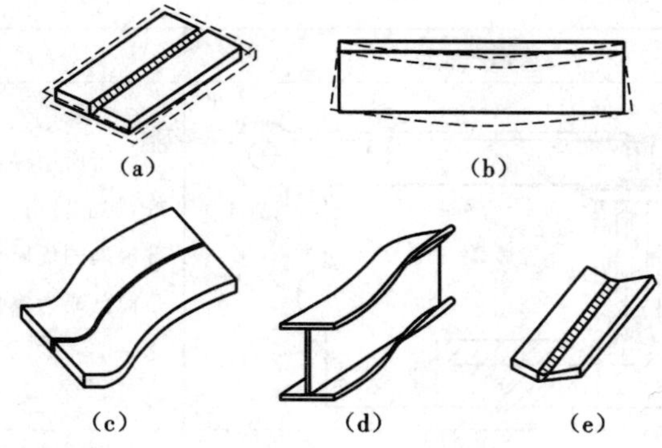

图 3-3　焊接变形

(a)收缩变形　(b)弯曲变形　(c)波浪变形　(d)扭曲变形　(e)角变形

3.2.4　知识点四:常用焊接方法

手工电弧焊操作方便、灵活,设备简单,适用于各种焊接位置和接头形式,因而得到广泛应用。适用于不同的材料和生产效率需求,其他焊接方法如表 3-1 所列。

表 3-1　常用焊接方法

焊接方法		简图	描述
熔化焊	埋弧焊	焊丝移动方向	埋弧焊是一种电弧在焊剂层下燃烧进行焊接的方法。具有焊接质量稳定,生产率高,无弧光及烟尘很少等优点,使其成为压力容器、箱型梁柱等重要钢结构制作中的主要焊接方法
	氩弧焊		利用氩气对金属焊材进行保护。由于在高温熔融焊接中不断送上氩气,使焊材不能和空气中的氧气接触,从而防止了焊材的氧化,因此可以焊接铜、铝、合金钢等有色金属

续表

焊接方法		简图	描述
熔化焊	CO_2焊	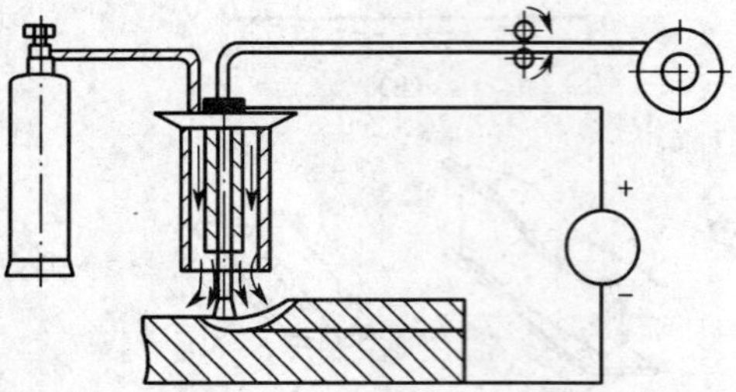	由于所用保护气体价格低廉，焊缝成形良好，加上使用含脱氧剂的焊丝即可获得无内部缺陷的优质焊接接头，因此这种焊接方法目前已成为黑色金属材料的重要焊接方法之一
	气焊	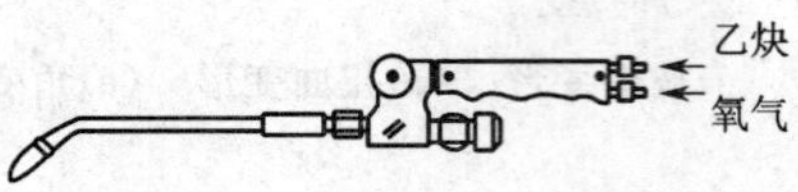 乙炔 氧气	利用可燃气体乙炔和氧气混合燃烧时所产生的高温火焰使焊件和焊丝局部熔化并填充金属的一种焊接方法，主要用于焊接 3 mm 以下的低碳钢薄板、铸铁、铜合金和铝合金等
压力焊	电阻焊	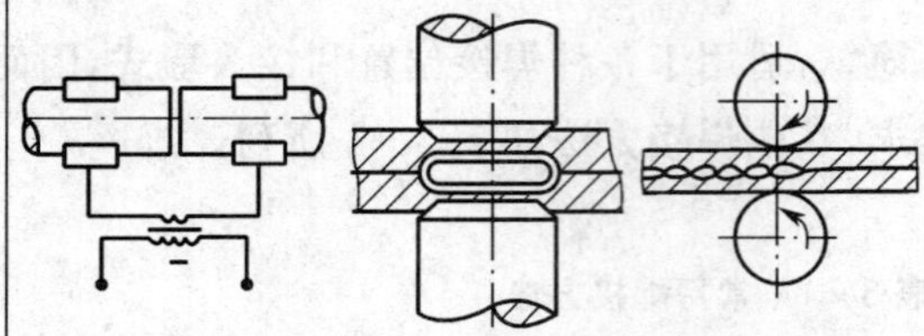	电阻焊是将被焊工件压紧于两电极之间，并施以电流。利用电流流经工件接触面及邻近区域产生的电阻热效应将其加热到熔化或塑性状态，使之形成金属结合的一种方法
	摩擦焊	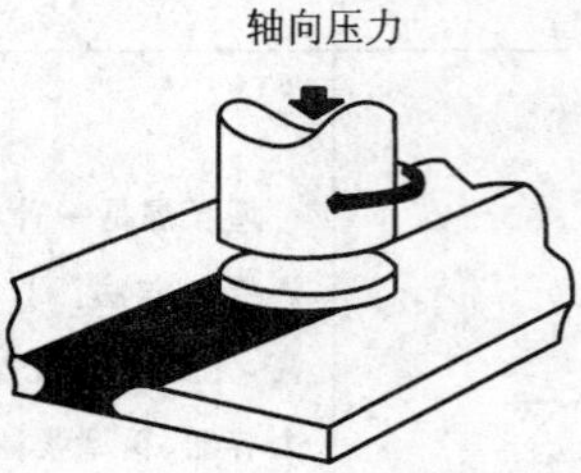 轴向压力	在压力作用下通过待焊工件的摩擦界面及其附近温度升高，使材料的变形抗力降低，塑性提高，伴随着材料产生塑性流变，通过界面的分子扩散和再结晶而实现焊接的固态焊接方法
钎焊			用比母材熔点低的金属材料作为钎料，用液态钎料润湿母材和填充工件接口间隙并使其与母材相互扩散的焊接方法。钎焊变形小，接头光滑美观，适合于焊接精密、复杂和由不同材料组成的构件

3.3 实训案例

3.3.1 案例一：平对焊训练

焊件如图 3－4 所示。

1. 焊接准备

1）正确的焊接姿势　焊接基本操作姿势有蹲姿、坐姿、站姿，如图 3－5 所示。

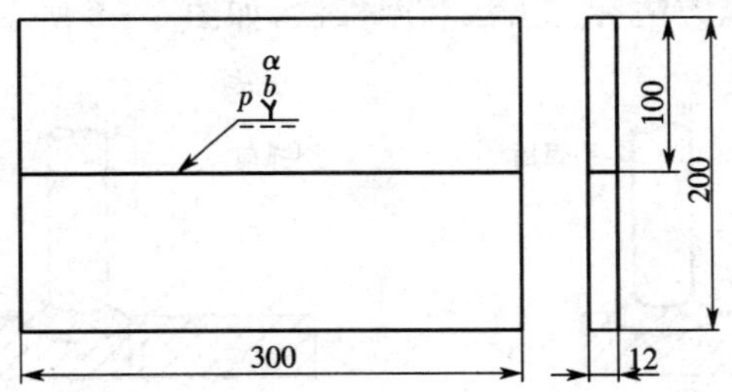

技术要求
1. 平位单面焊双面成形。
2. 焊件根部间隙b=3.2~4.0 mm, 钝边p=0.5~1 mm, 坡度角度α=60°。
3. 焊后变形量<3°。

图 3－4　平对焊训练焊件

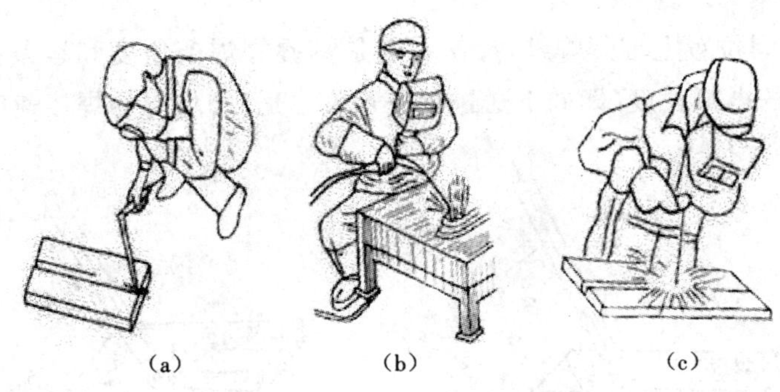

图 3－5　手工电弧焊基本姿势

(a)蹲姿　(b)坐姿　(c)站姿

2)装夹焊条　注意焊条与焊钳的夹角,如图 3－6 所示。

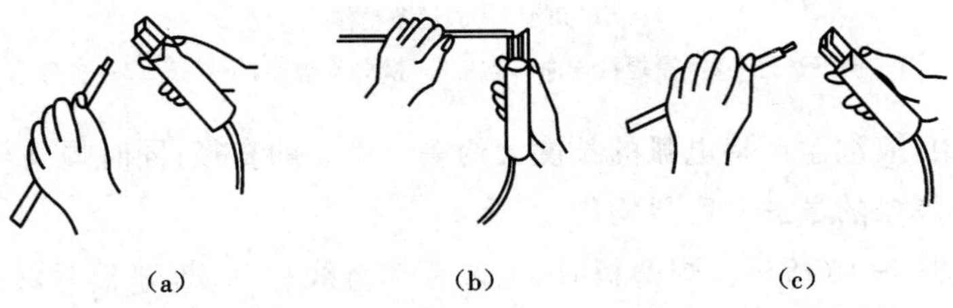

图 3－6　焊条与焊钳的夹角

(a)80°　(b) 90°　(c)120°

3)握紧焊钳　焊钳的握法如图 3－7 所示。

2. 焊接操作

1)备料　厚 3～4 mm 低碳钢钢板两块,校直钢板,保证接口处平整。

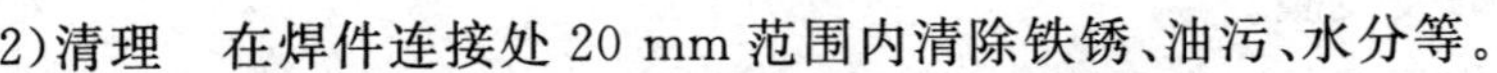

2)清理　在焊件连接处 20 mm 范围内清除铁锈、油污、水分等。

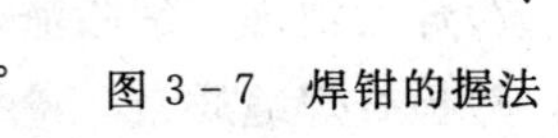

图 3－7　焊钳的握法

3)组对　将两块钢板水平对齐放置,间隙为 1～2 mm。

4)引弧练习　引弧时,首先将焊条末端与焊件表面接触形成短路,然后迅速将焊条向上提起 2～4 mm，电弧即引燃。引弧方法有直击法和摩擦法，如图 3－8 所示。

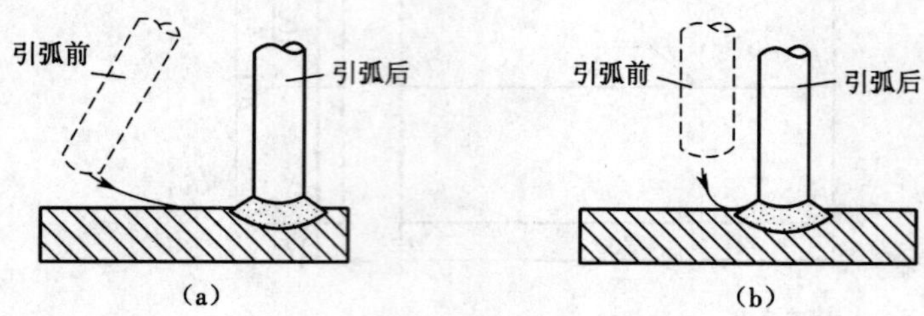

图 3－8　引弧方法

(a)摩擦法　(b)直击法

5)点焊　主要目的是定位，固定两块钢板的相对位置，焊后清渣。若焊件较长，可每隔一定距离焊接一定长度的焊缝。

6)焊接　在平焊位置上堆焊焊缝，操作关键是掌握好焊条角度和运条基本动作，如图 3－9 所示。保持合适的电弧长度(即向下送进焊条速度合适)和均匀的焊接速度。

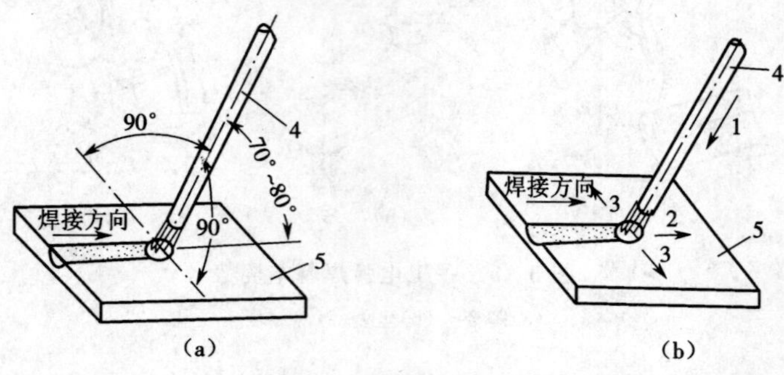

图 3－9　焊条角度和基本运条动作

(a)角度　(b)运条动作

1—向下送进　2—沿焊接方向移动　3—横向移动　4—焊条　5—工件

在焊接操作中，应注意保持电弧的长度大约等于焊条的直径；同时焊条与焊缝平面两侧的夹角应保持相等；焊条的送进速度要均匀。

运条方法如图 3－10 所示。焊薄板时，焊条可作直线移动；焊厚板时，焊条在作直线移动的同时，还要有横向移动，以保证得到一定的熔宽和熔深。

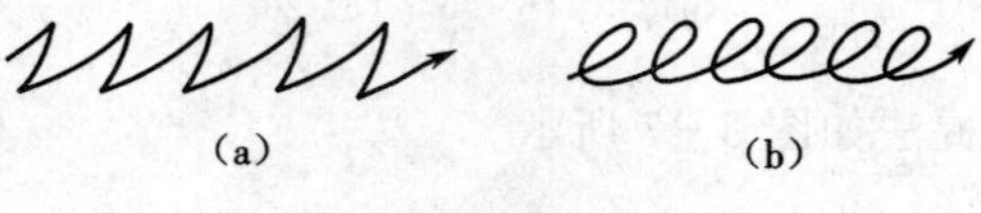

(a)　(b)

图 3－10　运条方法

(a)锯齿形运条　(b)圈形运条

7)焊后清理　清除渣壳及飞溅。

8)检查焊缝质量　检查焊缝外形和尺寸是否符合要求，有无焊接缺陷。

3.3.2 案例二:平角焊

平角焊焊件如图 3-11 所示。

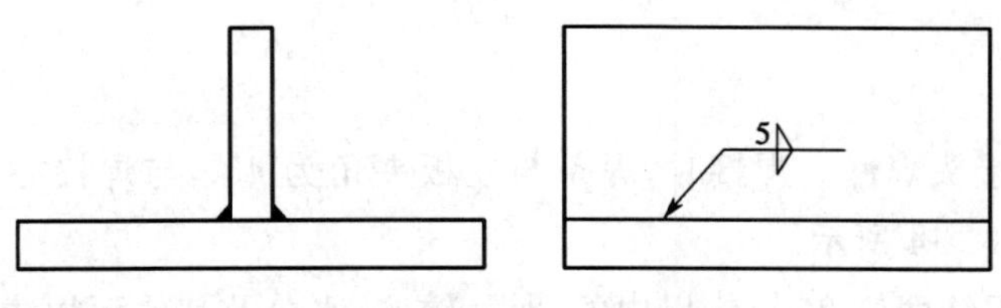

图 3-11 平角焊焊件

1. 工艺分析

平角焊主要为 T 形接头。此外,搭接接头和角接接头也常采用平角焊。几种接头形式如图 3-12 所示。

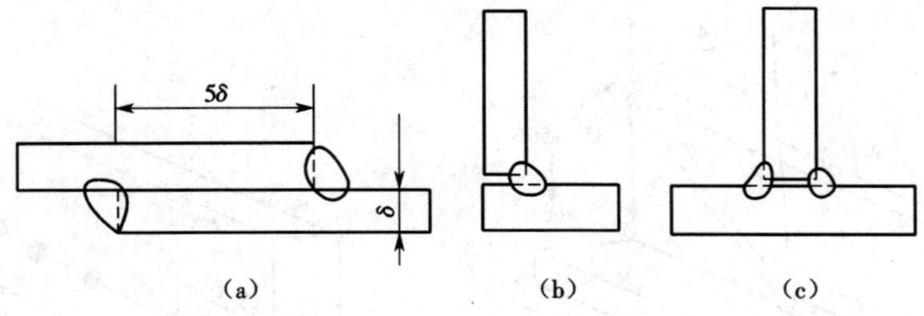

图 3-12 平角焊的接头形式

(a)搭接 (b)角接 (c)T 形接

平角焊缝的焊脚尺寸应符合技术要求,以保证焊接接头的强度。一般焊角尺寸随焊件的厚度增大而增加。平角焊的接头形式如图 3-13 所示。焊脚尺寸在 5 mm 以下时,采用单层焊;焊脚尺寸在 6～10 mm 时,采用多层焊。

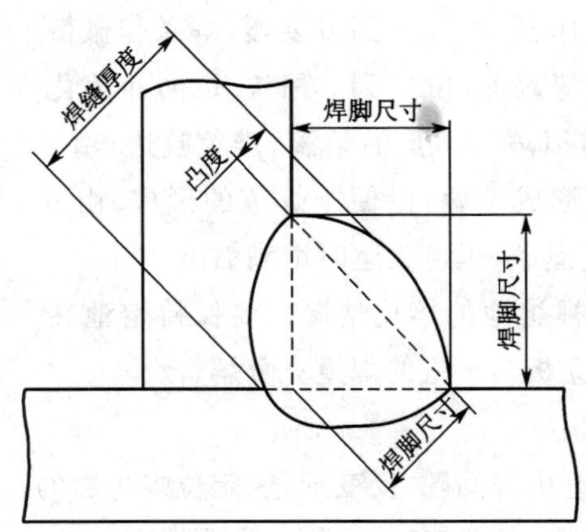

图 3-13 平角焊的接头形式

平角焊缝的焊脚尺寸随钢板厚度变化取值如表 3-2 所列。

表 3-2　焊脚尺寸随钢板厚度变化取值　　mm

钢板厚度	8～9	9～12	12～16	16～20	20～24
焊脚尺寸	4	5	6	8	10

2. 操作要领

本案例为 T 形接头焊件。焊接时，焊条与立板夹角为 45°，与焊接方向夹角为 35°～50°，焊条运行形式如图 3-14 所示。

焊前需将钢板焊缝两侧 20 mm 以内的油污、锈迹、水分及其他污物清理打磨干净，最好能够露出金属光泽。

为减小焊接变形，平角焊前要先进行定位焊。将焊件装配成 90°夹角的 T 形接头，不留间隙。定位焊的位置应在工件两端的前后对称处。四条定位焊缝的长度均为 10～15 mm。装配时须校正工件，保证立板垂直。定位焊位置如图 3-15 所示。

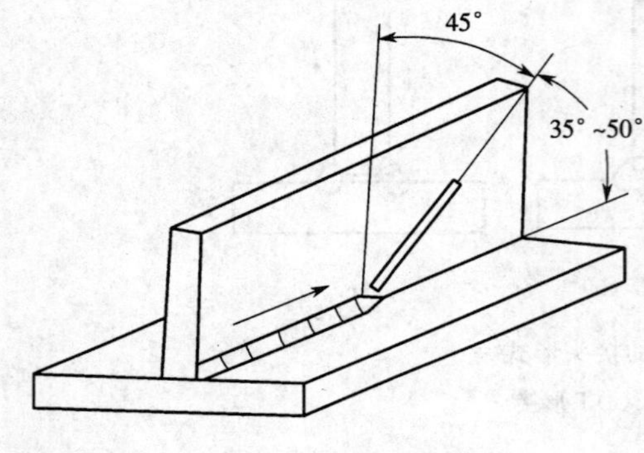

图 3-14　焊条运行形式

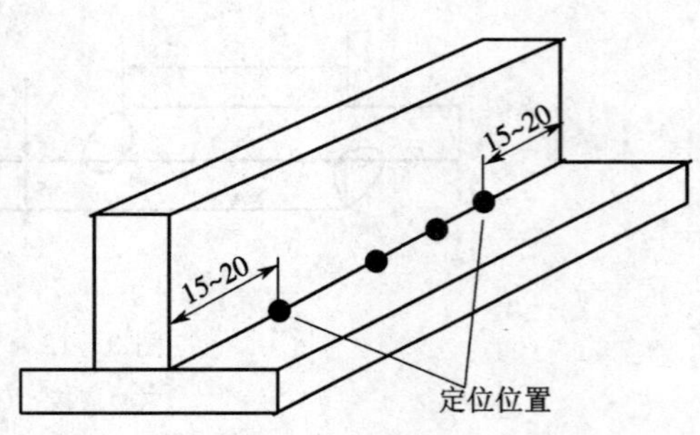

图 3-15　定位焊位置

本案例为单层焊接，选用直径为 3.2 的焊条，焊接电流调至 130 A，能够达到一定的熔透深度。可以采用直线运条法，收尾时要填满弧坑。

斜圆圈形运条如图 3-16 所示，由 a 到 b 要慢，焊条作微微的往复前移动作，以防止熔渣超前；由 b 到 c 稍快，以防止熔化金属下淌；到 c 处稍作停顿，以填加适量的熔滴，避免咬边；由 c 到 d 稍慢，保持各熔池之间形成重叠，以便于焊道的形成；由 d 到 e 处稍作停顿。如此反复运条，焊道收尾时填满弧坑。

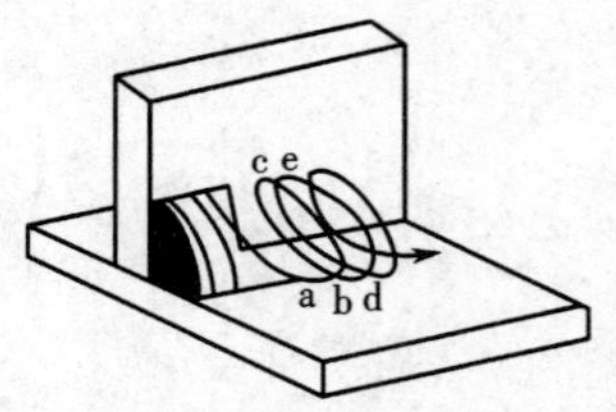

图 3-16　斜圆圈形运条

运条过程中，要始终注视熔池的熔化情况。要保持熔池在接口处不偏上或不偏下，使立板与平板的焊道充分熔合。

焊接注意事项如下。

①工件定位焊时，应注意根部间隙、反变形量、定位焊焊隙的长度和间隙。

②坡口及附近表面的铁锈、氧化皮、油污等一定要清理干净。

③平角焊容易出现成形不良、焊缝下榻、焊脚超宽等现象。因此，焊接过程中要注意利用电弧力把熔化金属挤向立板的坡口边缘。

④为防止焊件产生变形，可用两面交替的焊接方法，并采用合理的焊接参数。

第 4 章　车削工艺实训

学习重点

- 了解车削加工的安全操作守则及实训要求。
- 了解巩固车床、车削加工范围等基本知识。
- 通过案例了解零件车削加工精度、车削工艺过程。

4.1　实训安全

车工主要使用车床完成旋转体零件的加工工作。车床主运动是主轴带动卡盘夹持工件旋转，一般转速为 100～400 r/min。工作人员要面对卡盘操作车床对工件进行车削加工。根据车削加工特点，从安全文明实训的角度考虑，学生在参加实训时必须严格遵守以下事项。

一、车工安全操作守则

①开车前，认真检查车床各部位有无异常，以防开车时突然撞击而损坏车床。启动后，应低速运行几分钟，使各部位的润滑正常。

②操作人员应穿工作服，防止飘逸的衣物意外卷入旋转的机器。如长发应塞入帽内，袖口应扣紧，不允许戴围巾和手套等。

③不允许在床面上放置物品。不允许在卡盘上、导轨上敲击或校直工件。

④加工前，工件和刀具应装夹可靠，既要防止夹紧力过小松脱伤人，又要防止夹紧力过大损坏机件。装夹工件后，卡盘扳手应随手拿下，严禁扳手未拿走而开车。

⑤车床开动后，严禁触摸任何旋转部位，不允许测量或用丝织物擦拭旋转的工件。

⑥变速时，必须先停车，后换挡。停车时不允许用手刹住旋转的卡盘。

⑦实习操作时，不允许将头与工件靠得太近，以防切屑飞入眼中。清除切屑时，严禁用手直接清除或用嘴吹除，应使用专用的铁钩和毛刷。

⑧工作结束时，应关闭电源，将车床擦拭干净，在导轨上加注防锈油，将各操作手柄置于空档，将大拖板、尾座摇至床尾。

⑨工作结束后，清理所用的全部工具、量具、刀具、夹具等，并将其整齐有序地放入工具柜中。

⑩最后清扫场地，离开现场。

二、车工文明实习要求

①开车前检查车床各部分机构及防护设备是否完好，各手柄是否灵活，位置是否正确，首次开机主轴应空转 1～2 min。

②主轴变速必须先停车,变换进给手柄要在低速时进行。

③刀具、量具及工具等放置要稳妥、整齐、合理,便于取用。

④工具箱内应分类摆放物件。

⑤正确使用和爱护量具。

⑥不允许在卡盘或床身导轨上敲击或校直工件。

⑦车刀磨损后应及时刃磨。

⑧批量生产的零件,其首件应送检。

⑨毛坯、半成品和成品应分开放置。

⑩图纸、工艺卡应放置在便于阅读的位置。

⑪使用切削液前应在床身导轨上涂润滑油,车削铸铁件时应抹干润滑油。

⑫工作场地周围应保持清洁、整齐,防止摔倒。

⑬工作完毕后将所用过的物件擦净归位。

4.2 基本知识点

4.2.1 知识点一:车床结构

普通车床结构如图 4-1 所示。

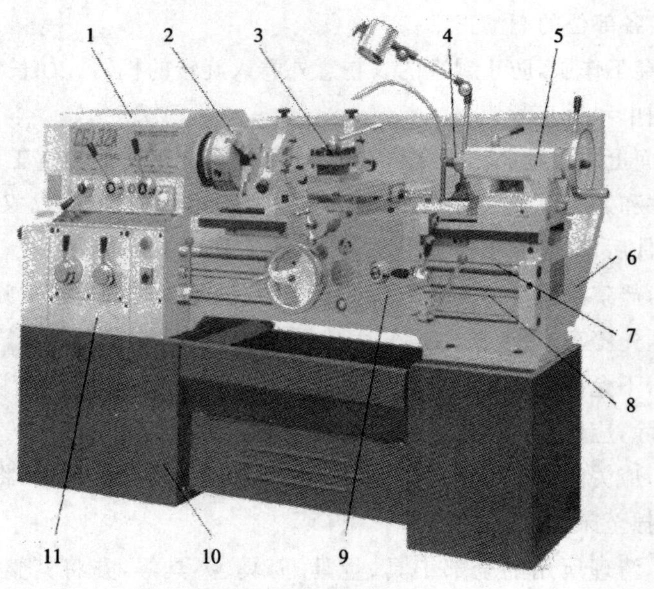

图 4-1 普通车床结构

1—主轴箱 2—卡盘 3—刀架 4—后顶尖 5—尾座 6—床身
7—丝杠 8—光杠 9—溜板箱 10—底座 11—进给箱

1)主轴箱(床头箱) 主轴箱内装有由滑移齿轮组成的变速机构。通过改变手柄的位置来操纵滑移齿轮,从而获得不同的主轴转速。

2)进给箱(走刀箱)　进给箱内装有由滑移齿轮组成的变速机构。通过改变手柄的位置来操纵滑移齿轮,从而获得不同的光杠或丝杠转速,以实现不同的进给速度。

3)溜板箱(拖板箱)　溜板箱是车床进给运动的操纵箱。其上装有刀架,接通丝杠时,合上开合螺母,可车削螺纹;接通光杠时,可使刀架作纵向移动或横向移动,用来车削圆柱面或端面。

4)刀架　刀架用来夹持车刀,在水平面内可作纵向移动、横向移动和斜向移动。它主要包括大拖板(大刀架)、中拖板(横刀架)、转盘、小拖板(小刀架)、方刀架。

①大拖板与溜板箱相连,可带动整个刀架沿床身导轨纵向移动。

②中拖板可带动小拖板沿大拖板上的导轨作横向移动。

③转盘与中拖板用螺钉紧固。松开螺钉,在水平面内可扳转任意角度。

④小拖板可沿转盘上面的导轨作短距离移动。转动转盘后小刀架的移动用于车削圆锥面。

⑤方刀架固定在小拖板上;可安装四把车刀,绕垂直轴转换刀架位置,即可快速换刀。

5)尾座　尾座可安装顶尖,用来支承长轴的加工;也可安装钻头、扩孔钻或铰刀,用来加工孔。

6)床身　床身是支承车床的基础部分,并且用来连接各主要部件。床身上面有两条互相平行的导轨,以确定刀架和尾座的移动方向。床身由床脚支承并固定在地基上。

4.2.2　知识点二:工件安装

工件安装方法如表 4-1 所列。

表 4-1　工件安装方法

安装名称	简图	描述
三爪卡盘安装		三爪联动,自动定心,不需找正;应用最广泛,适于安装短轴及盘套类零件
四爪单动卡盘安装		四个单动卡爪可分别调整,需细致调整,适于安装方形、不规则形状或较大的工件

续表

安装名称	简图	描述
花盘安装	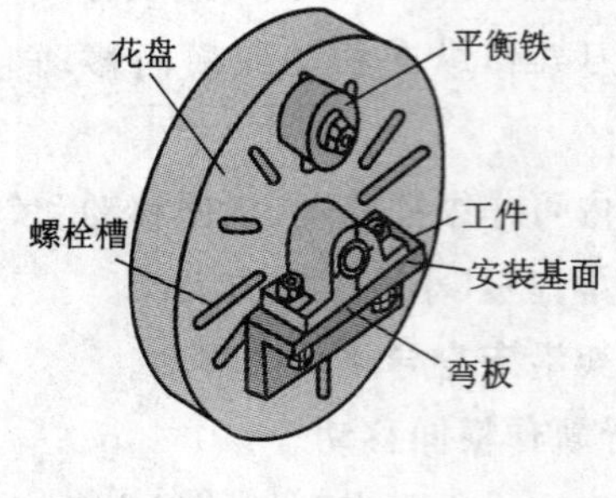	安装及找正费时较多，需配平衡铁，以防止加工时振动，适于安装形状复杂的工件
顶尖安装	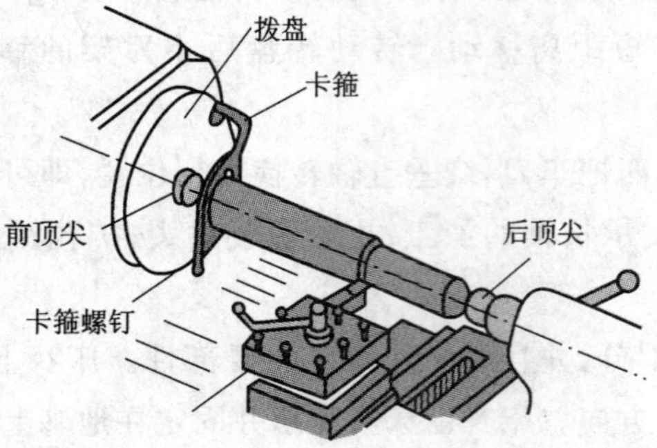	工件两端需钻中心孔，其质量直接影响工件的加工精度，多次安装仍能保证较高的定位精度，适于安装长轴类工件或需多次安装且有同一基准的工件
心轴安装	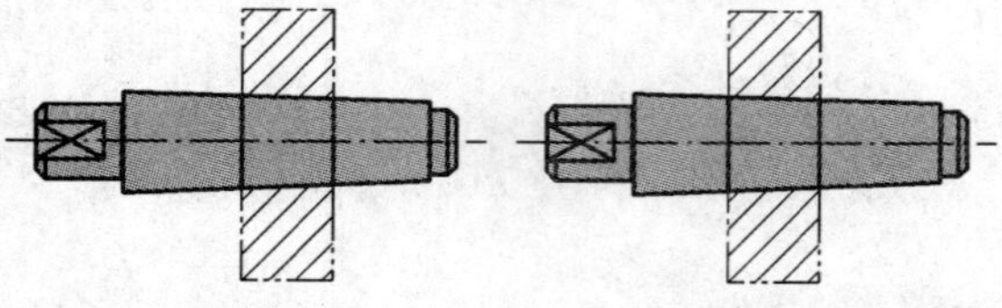 (a) 锥度太大　(b) 锥度合适 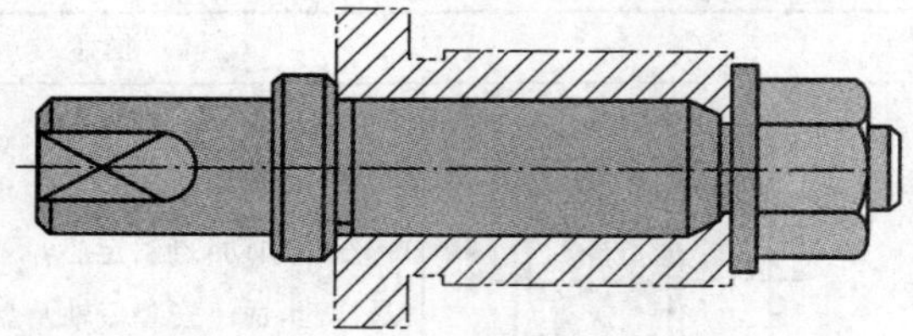	利用内孔定位，锥度心轴工件能压紧在心轴上，定位精度较高，但不能承受较大的切削力，圆柱面心轴与工件内孔用间隙配合，定位精度较低，适于安装对同轴度要求较高的盘套类零件
中心架使用	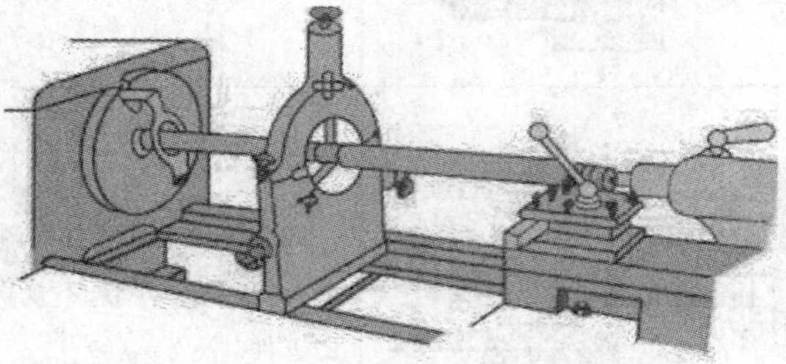	当工件长度与直径比大于5时，工件本身刚性变差，车削时，工件受切削力、自重和旋转时离心力的作用，会产生弯曲、振动，此时需要用中心架或跟刀架来支承工件，中心架支承在工件中间

续表

安装名称	简图	描述
跟刀架使用	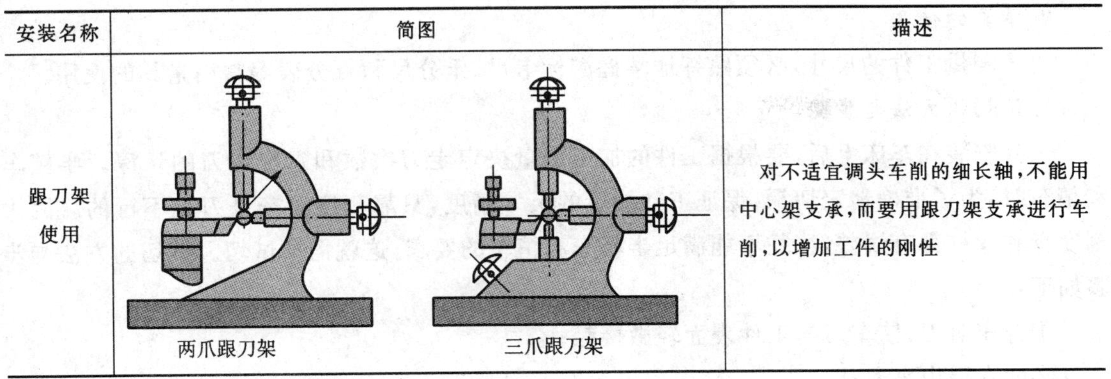 两爪跟刀架 三爪跟刀架	对不适宜调头车削的细长轴，不能用中心架支承，而要用跟刀架支承进行车削，以增加工件的刚性

4.2.3 知识点三：刻度盘和量具的使用

1.刻度盘及刻盘手柄的使用

车削时，为了正确和迅速掌握切深，必须熟练地使用中拖板和小拖板上的刻度盘。

(1)中拖板上的刻度盘

中拖板上的手柄、刻度盘和丝杠紧固在一起，丝杠螺母和中拖板紧固在一起。当手柄、刻度盘连带丝杠转动一周时，丝杠螺母、中拖板连带刀架移动一个螺距。所以，横向进给的距离(即切深)可根据刻度盘上的格数来计算。

一般刻度盘一周有 200 格，丝杠的螺距为 4 mm。

当刻度盘转动一格时，刀架横向移动的距离为 4÷200＝0.02 mm。

由于工件是旋转的，所以工件直径的改变量是刀具进刀量的两倍，即 0.04 mm。

当刻度盘转动 n 格时，刀架横向移动的距离为 $n\times0.02$ mm，工件直径改变量为 $n\times0.04$ mm。

当要求工件半径改变量为 ΔR 时，刻度盘应转过 $\Delta R\div0.02$ 格。

当要求工件直径改变量为 ΔD 时，刻度盘应转过 $\Delta D\div0.04$ 格。

必须注意：因为丝杠和螺母之间存在间隙，进刻度时，如果刻度盘手柄转过了头，不能将刻度盘直接退回到所要的刻度，而是多退一些再进至所需刻度。

(2)小拖板上的刻度盘

小拖板上的刻度盘主要用于控制工件长度方向的尺寸，其刻度原理和使用方法与中拖板相同。

应注意以下问题。

① 小拖板刻度盘上的一格与中拖板刻度盘上的一格表示移动的距离可能不同，请看刻度盘上的标识。

② 中拖板是横向进刀，直径的改变量是两倍的进刀量。而小拖板是纵向进刀，主要用于控制长度方向的尺寸，工件长度的改变量相等于进刀量，不是两倍的关系。

(3)大拖板上的刻度盘

普通车床大拖板纵向运动有两种情况：一是车螺纹；二是车外圆。大拖板刻度盘转动一格，大拖板纵向移动 1 mm。

2. 量具的使用

为了测量工件的尺寸，必须熟练地掌握游标卡尺、千分尺和百分表等常用量具的使用。

3. 试切的方法与步骤

工件安装在车床上后，要根据工件的加工余量决定走刀次数和每次走刀的切深。半精车和精车时，为了准确地定切深，保证工件加工的尺寸精度，只靠刻度盘来进刀是不行的。因为刻度盘和丝杠都有误差，往往不能满足半精车和精车的要求，这就需要试切。试切的方法与步骤如下：

①开车对刀，使车刀与工件表面轻微接触；

②向右退出车刀；

③横向进刀；

④切削纵向长度 1～3 mm；

⑤退出车刀，进行度量。

以上是试切的一个循环，如果尺寸还大，则进刀仍按以上的循环进行试切，如果尺寸合格了，就按确定下来的切深将整个表面加工完毕。

4.2.4　知识点四：车削加工的应用范围和加工基本方法

车削加工的应用范围如图 4－2 所示，加工基本方法如表 4－2 所列。

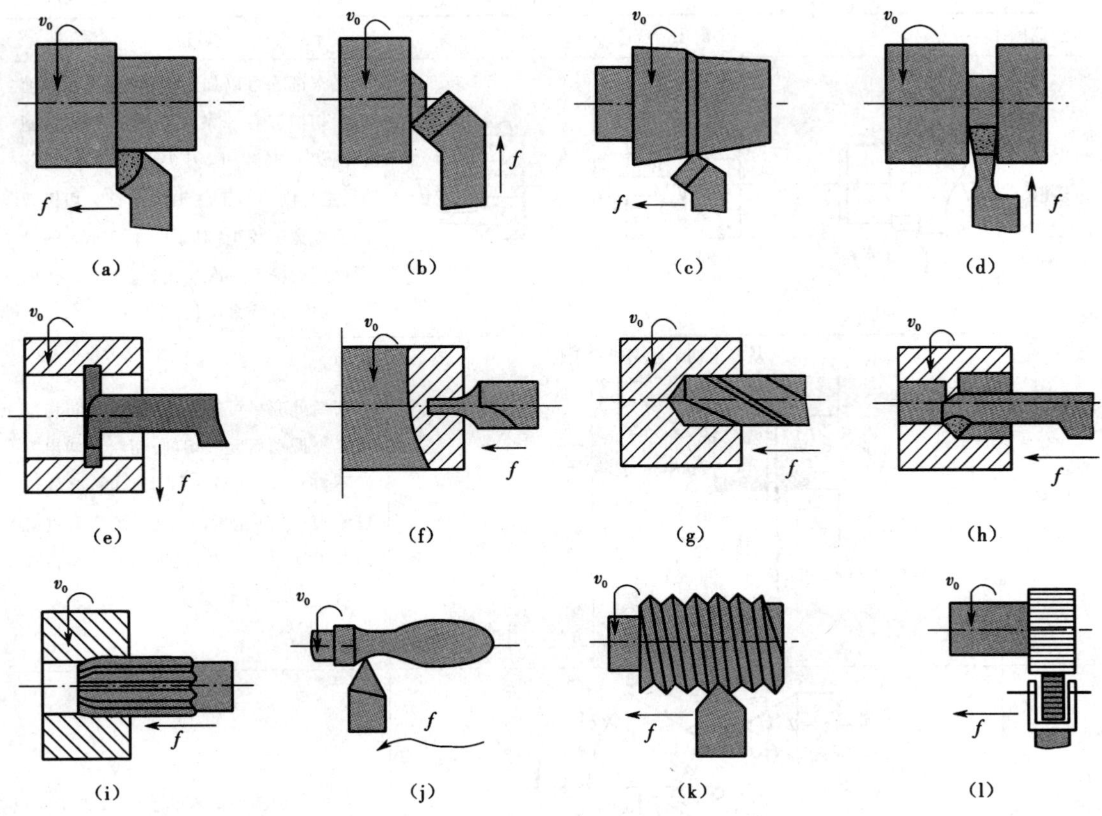

图 4-2　车削加工的应用范围

(a)车外圆　(b)车端面　(c)车锥面　(d)切槽、切断　(e)切内槽　(f)钻中心孔

(g)钻孔　(h)镗孔　(i)铰孔　(j)车成形面　(k)车螺纹　(l)滚花

表 4-2　车削加工基本方法

车削范围	简图	描述
车外圆	v_c a_p f (a) (b) (c)	车外圆通常需经过粗车和精车两个步骤。粗车时背吃刀量应取大些，为 1～3 mm，进给量也可大些，取 0.4～0.5 mm/r；精车时背吃刀量和进给量都要选小一点，背吃刀量为 0.1～0.3 mm，进给量取 0.05～0.10 mm/r
车端面	v_c a_p v_f 4°~5° 10°~15°	刀尖必须对准工件的旋转中心，否则工件中心的余料难以完全清除，在端面的中心处容易形成凸台，或崩断刀尖。在精车端面时多采用由中心向外进给，以提高端面加工质量，在接近工件中心时应放慢速度

续表

车削范围	简图	描述
切槽	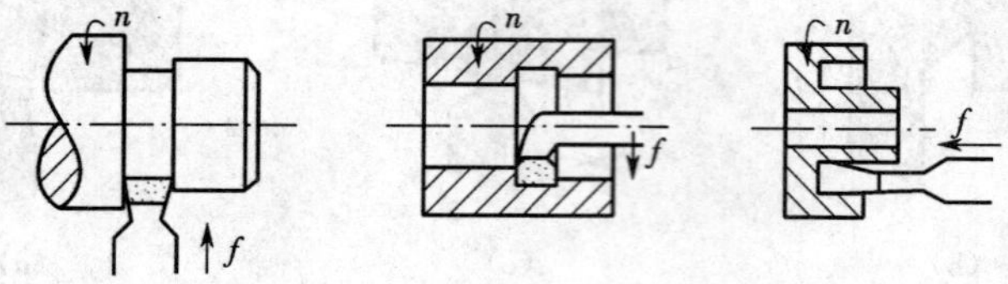	在车削中可以加工内槽、外槽及端面槽。切槽刀有一条主切削刃和两条副切削刃。安装时，刀尖与工件轴线等高，主切削刃与工件轴线平行。切槽刀的刀头宽度较小，对于小于 5 mm 的槽可以用切槽刀一次切出；大于 5 mm 的槽（宽槽）可分多次切削
切断	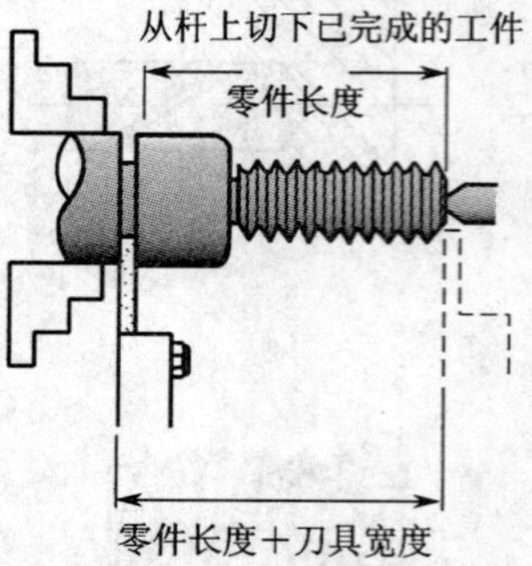	切断处应尽可能靠近卡盘，以防切削时工件振动而无法切削；切断刀伸出刀架不宜过长，接近工件中心时，要放慢进给速度，以免折断刀头；切断刀尖必须与工件中心等高，否则切断处会留有凸台，且容易损坏刀头
车锥面	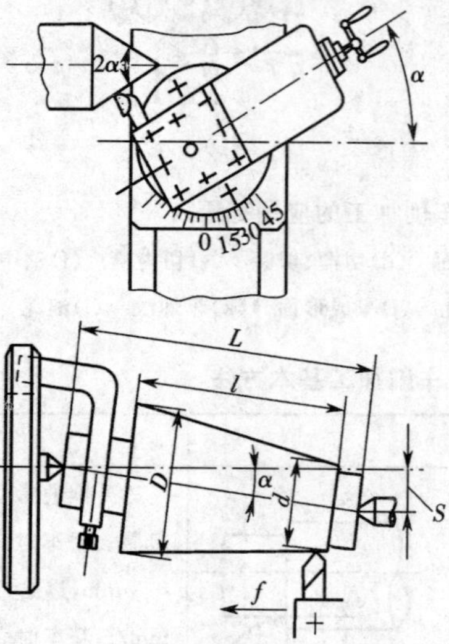	常用车削锥面的方法有宽刀法、转动小刀架法、靠模法、尾座偏移法等。车削较短的圆锥时，可以用宽刃刀直接车出。当加工锥面不长的工件时，可用转动小刀架法车削；当车削锥度较小，锥形部分较长的圆锥面时，可以用偏移尾座的方法；当其精度要求较高而批量又较大时常采用靠模法
车螺纹	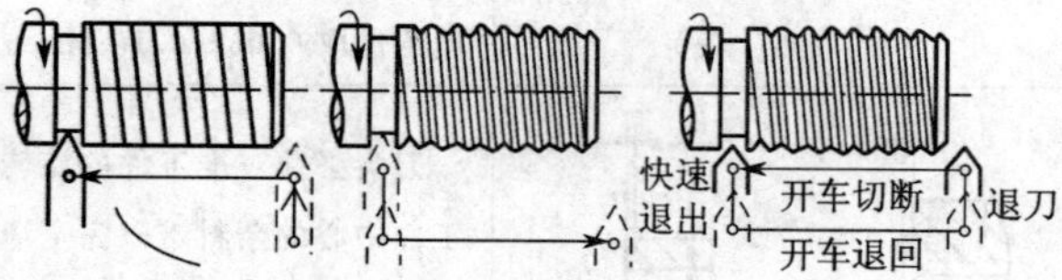	车螺纹前先检查好所有手柄是否处于车螺纹位置，防止盲目开车。要思想集中，动作迅速，反应灵敏。要防止车刀或者是刀架、拖板与卡盘、床尾相撞，旋转的螺纹不能用手去摸或用棉纱去擦

续表

车削范围	简图	描述
钻孔、扩孔、铰孔	三爪卡盘 钻头 工件 尾座	在车床上加工圆柱孔时，可以用钻头、扩孔钻、铰刀和镗刀进行钻孔、扩孔、铰孔和镗孔工作
镗孔	v_c v_c v_c f f	镗孔是对钻出、铸出或锻出孔的进一步加工，以达到图纸上精度等技术要求
成型面加工		有些机器零件(如手柄、手轮、圆球、凸轮等)不像圆柱面、圆锥面那样母线是一条直线，而是一条曲线，这样的零件表面叫做成型面。在车床上加工成型面的方法有双手控制法、样板刀法和靠模板法等
滚花	网纹滚花刀 直纹滚花刀	有些零件或工具为了便于握持和外形美观，往往在工件表面上滚出各种不同的花纹，这种工艺叫滚花。这些花纹一般是在车床上用滚花刀滚压而成的。花纹有直纹和网纹两种，滚花刀相应有直纹滚花刀和网纹滚花刀两种

4.2.5 知识点五：切削运动三要素

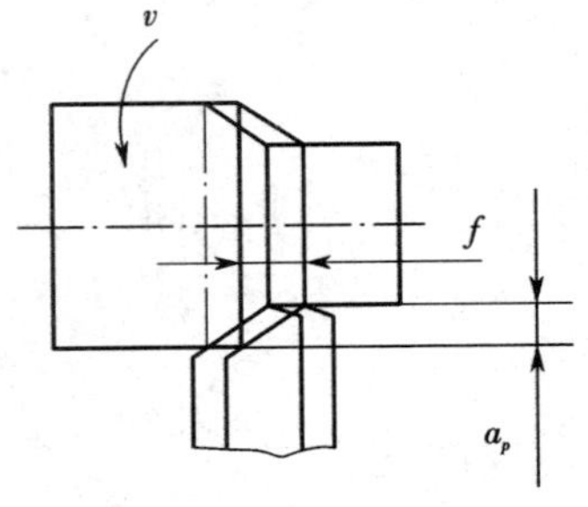

图 4-3 车削运动三要素

切削运动三要素如图 4-3 所示。

切削速度、吃刀深度、进给量称为切削运动三要素。

1. 切削速度 v

工件上待加工表面的圆周速度称为切削速度。

$$v=\pi Dn/1\ 000(\mathrm{m/min})$$

式中 D——工件待加工表面的直径(mm)；

n——车床主轴每分钟转数(r/min)。

车削速度表示切削刃相对于工件待加工表面的运动速度。

在实际生产中，往往需要根据工件的直径来计算确定主轴的转速：

$n=1\ 000v/\pi D$(r/min)

2. 吃刀深度 a_p

工件的待加工面与已加工面之间的半径差。

$a_p=(D-d)/2$(mm)

式中 D——工件待加工表面的直径(mm)；

d——工件已加工表面的直径(mm)。

切削深度表示每次走刀时车刀切入工件的深度。

3. 进给量 f

进给量即工件每转动一周车刀沿进给方向(纵向)的移动量，它是表示辅助运动(走刀运动)大小的参数(mm/g)。

4.3 实训案例

4.3.1 案例一：阶梯轴车削

阶梯轴零件如图 4-4 所示，机械加工工艺过程卡如表 4-3 所列。

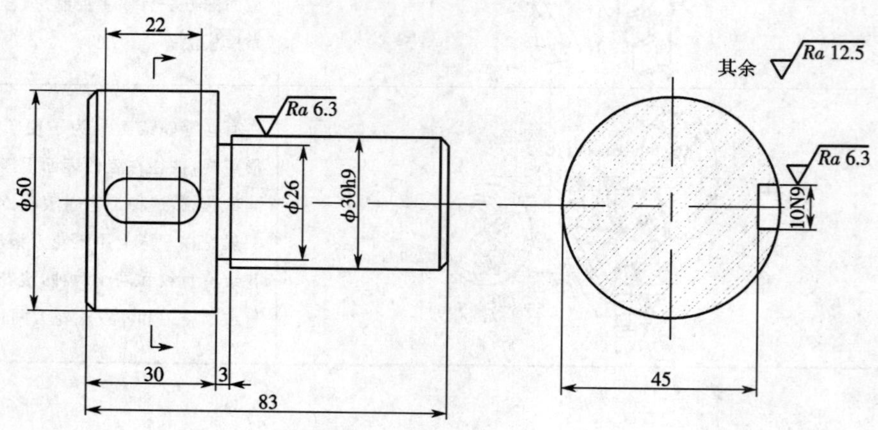

图 4-4 阶梯轴零件

表 4-3 阶梯轴单件小批量生产机械加工工艺过程卡

<table>
<tr><td colspan="3" rowspan="2">机械加工工艺过程卡片</td><td colspan="2">产品型号</td><td></td><td>零(部)件图号</td><td colspan="2"></td><td>共一页</td></tr>
<tr><td colspan="2">产品名称</td><td></td><td>零(部)件名称</td><td colspan="2">阶梯轴</td><td>第一页</td></tr>
<tr><td colspan="10">材料牌号 | 45# | 毛坯种类 | 棒料 | 毛坯外形尺寸 | φ57×90 | 毛坯件数 | 1 | 每台件数 | 1 | 备注 | </td></tr>
<tr><td rowspan="2">工序号</td><td rowspan="2">工序名称</td><td rowspan="2">工序内容</td><td rowspan="2">车间</td><td rowspan="2">工段</td><td rowspan="2">加工设备</td><td colspan="3">工艺装备</td><td rowspan="2">工时(min)</td></tr>
<tr><td>夹具名称及型号</td><td>刀具名称及型号</td><td>量具与检测</td></tr>
<tr><td>1</td><td>车</td><td>夹毛坯外圆一端：
①车端面
②钻中心孔
调头，夹毛坯外圆另一端：
③车另一端面
④钻中心孔</td><td>1</td><td>1</td><td>CA6140</td><td>三爪卡盘</td><td>外圆车刀
中心钻</td><td>游标卡尺
0～150</td><td>7</td></tr>
<tr><td>2</td><td>车</td><td>以两端中心孔定位：
①车大外圆
②倒角
调头，以两端中心孔定位：
③粗车小外圆(走刀三次)
④精车小外圆
⑤车台阶面
⑥切槽
⑦倒角</td><td>1</td><td>1</td><td>CA6140</td><td>三爪卡盘</td><td>外圆车刀</td><td>游标卡尺
0～150</td><td>9</td></tr>
<tr><td>3</td><td>铣</td><td>①粗铣键槽
②精铣键槽
③去毛刺
④终检</td><td>1</td><td>2</td><td>X62</td><td>铣床通用夹具</td><td>键槽铣刀</td><td>游标卡尺
0～150</td><td>6</td></tr>
<tr><td></td><td></td><td></td><td></td><td></td><td></td><td>编制(日期)</td><td>审核(日期)</td><td>会签(日期)</td><td></td></tr>
<tr><td></td><td></td><td></td><td></td><td></td><td></td><td></td><td></td><td></td><td></td></tr>
<tr><td>标记</td><td>处数</td><td>更改文件号</td><td>签字</td><td>日期</td><td></td><td></td><td></td><td></td><td></td></tr>
</table>

4.3.2 案例二：锤柄车削

锤柄零件如图 4-5 所示。

锤柄是车工实训的主要加工件，它包含了除内腔加工外的大部分加工内容，可以很好地考查学生对车床操作及车刀选用的掌握情况。锤柄加工占总实训分数的 70%，具体加工过程和评分标准如下。

1)下料　1 根长 185 mm 的 φ18 圆钢。(5 分)

2)车端面　用 90°车刀把圆钢两端面车平。(5 分)

3)车 φ12 mm 外圆　用 90°车刀车削 φ12 mm 长 20 mm 的外圆。(10 分)

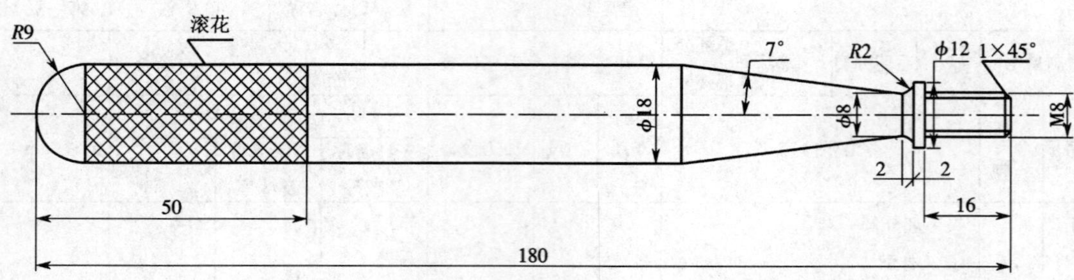

图 4-5　锤柄零件

4)车螺纹外圆　用 90°车刀车削 ϕ7.8 mm 长 16 mm 的外圆，倒角 1×45°。(10 分)

5)套扣　用 M8 板牙加工外螺纹。(10 分)

6)车圆锥　偏移小托板 7°，用 60°尖刀车锥体，保证小端 ϕ8 和 $R2$ 以及 ϕ12 和 2 mm 宽，锐角倒钝，大端和 ϕ18 相交。(10 分)

7)滚花　加工另一端，伸出 70 mm 长，用滚花刀滚花。(5 分)

8)车半球面　车锤头手柄一端的半球面。(15 分)

4.3.3　案例三：手把臂加工

手把臂零件如图 4-6 所示。在上述知识点及案例的基础上，请同学们对该零件进行加工工艺分析。

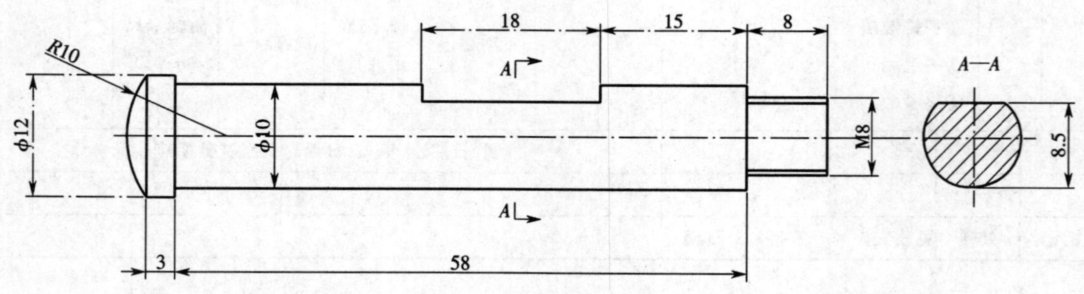

图 4-6　手把臂零件

第 5 章　铣刨磨工艺实训

学习重点

- 了解铣刨磨加工的安全操作守则及实训要求。
- 了解巩固铣削、刨削、磨削加工范围等基本知识。
- 通过案例了解零件铣削、刨削、磨削工艺过程。

5.1　实训安全

铣刨切削主要使用铣床和刨床针对平面沟槽类零件进行切削加工。磨削是在磨床上使用砂轮对零件进行精加工的主要方法。根据铣刨磨削的加工特点，从安全文明实训的角度考虑，学生在参加实训时必须严格遵守以下注意事项。

一、铣工安全操作守则

①上岗前必须穿戴好防护用品，严禁戴手套。

②检查设备是否运转正常，工件、刀具、夹具安装必须牢固可靠。

③装卸工件、刀具、夹具以及变速和测量工件时必须停车。

④工作台上不得放置工具、量具及其他物件。

⑤切削中，头和手都不得接近铣削面，严禁用手摸刀具、工件和旋转物，高速切削时要戴防护镜和安装挡屑板，清除铁屑只能用毛刷在停车后进行。

⑥装卸立铣刀时，工作台面要垫木板，禁止用手托刀盘和握刀刃，弯曲刀杆不准使用。

⑦装卸刀具的扳手开度要适当，不得用力过猛，严禁开车松紧刀杆螺母或拉杆螺丝。

⑧进刀时应用手摇慢速进刀，不准快速猛进，不准停车退刀。

⑨快速移动工作台时，手柄要脱开。切削中不许突然变速，限位块要事先调整好。

⑩下班时要关闭电源，清理场地，工件按管理规定摆放整齐。

二、刨工安全操作守则

①操作人员在上岗前必须经过培训，持证上岗。

②工作前必须将个人防护用品穿戴齐全。

③开车前检查机器各部位是否正常，机床周围有无障碍物。

④机器开动后，严禁用手触摸转动部位。清扫机床铁屑时，必须使用专用工具，严禁用手，更不准用脚蹬机床或倚靠机床。

⑤非本工种操作人员不准进行操作。

⑥凡加工钢件铸件时，必须戴好防护眼镜。

⑦使用老虎钳夹持工件时，不要用力过猛，要把工件夹牢固，禁止用金属物敲打老虎钳。

⑧严禁在工作台上放置工具和其他物品。

⑨机床运转中严禁变速，必须停车后方可变速调整。

⑩机床所有防护装置不准随意拆卸，如发现不当或异常时，应通知本部门保全工或上报安全员，机床防护设备未安装好前，未经许可，不准进行操作。

⑪操作完工后，必须把工具、卡具整理好，对机床各部位进行清理。

⑫机床发生电路故障时，首先应关闭电源，不准私自拆卸修理，应及时通知电工检查线路进行维修，以免发生触电事故。

三、磨工安全操作守则

①开机前，应检查磨床各部位是否正常，并对有关部位注油润滑。

②正确安装和紧固砂轮，新砂轮安装前要进行检查，用响声检查法检查砂轮是否有裂纹，校核砂轮的圆周速度不应超过安全圆周速度。

③工作前要按规定穿好工作服。

④各种砂轮都必须有砂轮防护罩，不得在没有防护罩的情况下进行磨削。磨削前，砂轮应经过 2～3 min 的空转试验。

⑤磨削前，检查工件是否安装正确、牢靠。当平面磨床磨削高而狭窄的工件时，工件前后要放挡铁块，磁性工作台的吸力要充分可靠；调整好换向块的位置并将其紧固。

⑥每个工件加工结束后，应将砂轮进给手轮退出一些，以免装夹下一个工件再开机时，砂轮碰撞工件而发生危险。

⑦注意安全用电，不随便打开电器控制箱和乱动电器设备，工作时发生电器故障应请电工进行检查修理。

⑧操作过程中，对导轨、丝杆等关键部位要严防杂物入内，注意砂轮主轴轴承的温度，合理选择磨削用量，切削量过大，易使砂轮破碎而造成危险。

⑨工作完毕，必须清除磨床上的磨屑和冷却液，仔细擦洗干净，做好日常保养工作，但不允许在开机或带电状态下进行以上工作。

⑩做好工件的清洁防锈工作，整理工具、量具，清理周边场地卫生。

四、砂轮机安全操作守则

①使用前要检查砂轮机安装是否牢靠，转动时不应有明显的震动现象。

②更换砂轮时，必须检查砂轮有无缺陷，线速度是否适当；安装时夹紧力要适中，不得重力敲打，应由指定专业人员负责更换砂轮；砂轮更换后，应空转 3～5 min，视其运动的平衡状态再决定使用。

③砂轮与防护罩的间隔应大于 5 mm，砂轮与磨刀托架的距离应控制在距砂轮中心 3～5 mm 为宜。

④砂轮起动后，运转达到正常速度方可进行磨削。

⑤磨削一般钢料和高速钢刀具时，应使用氧化铝砂轮，磨削过程要及时冷却工件，防止烧伤工件或烫手；磨削硬质合金刀片应使用碳化硅砂轮，磨削过程中不能直接冷却刀片，以免刀

片产生裂缝。

⑥使用砂轮机磨削，操作者必须戴防护眼镜，站立在砂轮侧（约 45°）边进行磨削，严禁正对砂轮操作。

⑦使用较薄砂轮磨削时，禁止使用砂轮侧面磨削。

⑧不准戴手套和用布包裹工件进行磨削，避免砂轮带入布料而造成伤手事故。

⑨注意均匀使用砂轮磨面，避免产生凹陷现象。要由指定人员对砂轮机定期进行检查和维护，确保砂轮机安全运行。

5.2 基本知识点

5.2.1 知识点一：机床结构

铣刨磨加工所用机床种类很多，常见的有立式铣床、牛头刨床、外圆磨床，结构如图 5-1 所示。

1. 立式铣床主要部件

1）床身　固定和支承铣床各部件。

2）立铣头　支承主轴，可左右倾斜一定角度。

3）主轴　主轴为空心轴，前端为精密锥孔，用于安装铣刀并带动铣刀旋转。

4）工作台　承载、装夹工件，可纵向和横向移动，还可水平转动。

5）升降台　通过升降丝杠支承工作台，可以使工作台垂直移动。

6）变速机构　主轴变速机构在床身内，使主轴有 18 种转速；进给变速机构在升降台内，可提供 18 种进给速度。

7）底座　支承床身和升降台，底部可存储切削液。

2. 牛头刨床主要部件

1）滑枕　前端装有刀架，主要用来实现刨刀的直线往复运动（主运动）。滑枕的这一运动是由床身内部的一套摆杆机构来实现的，调节内部的丝杠螺母机构，可以改变滑枕的往复行程位置。

2）刀架　用来夹持刨刀，刀架可作垂直进给和斜向进给。斜向进给需要先将刀架偏转一定角度，再转动刀架手柄。刀架还可作抬刀运动，这样可以保证在回程时，刨刀能顺势向上抬刀减小刨刀后刀面与工件的摩擦。

3）横梁　可沿床身导轨作升降运动。端部装有棘轮机构，可带动工作台横向进给。

4）工作台　用来安装工件，可随横梁作上下调整，沿横梁作水平进给运动。

3. 磨床主要部件

1）床身　床身是磨床的基础支承件，在它的上面装有砂轮架、工作台、头架、尾座及横向滑鞍等部件，使这些部件在工作时保持准确的相对位置。床身内部用作液压油的油池。

2）头架　头架用于安装及夹持工件，并带动工件旋转，头架在水平面内可逆时针方向转 90°。

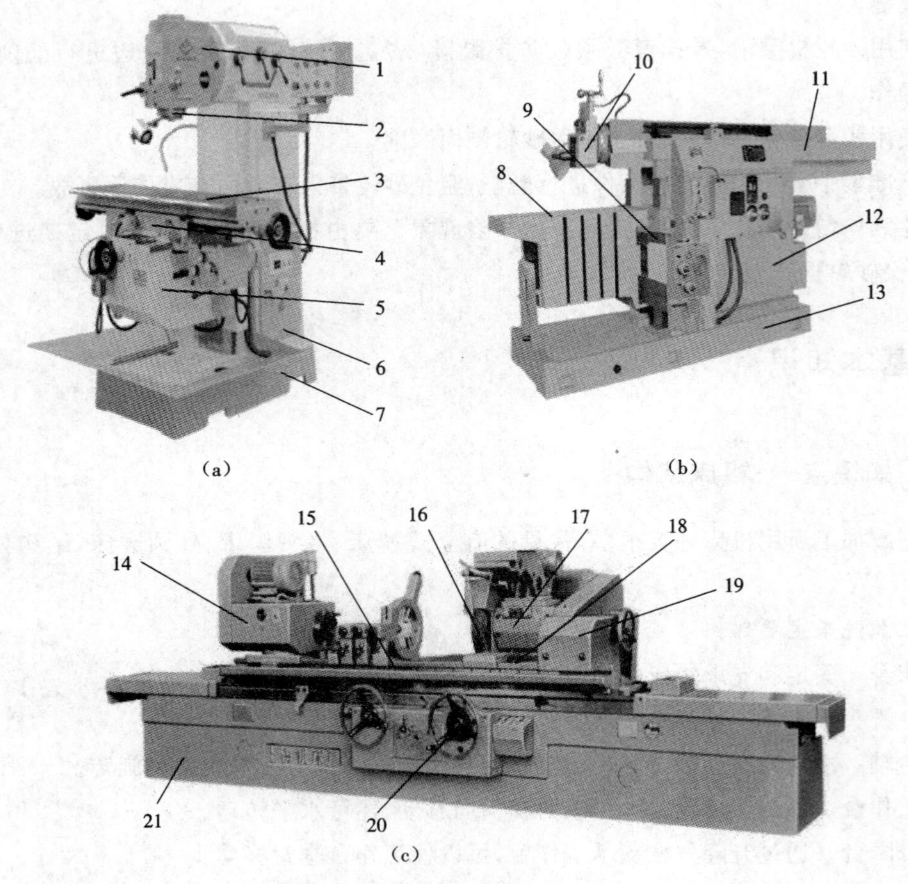

图 5-1　铣刨磨床结构

(a)立式铣床　(b)牛头刨床　(c)外圆磨床

1—立铣头　2—主轴　3—工作台　4—横溜板　5—升降台　6—床身　7—底座　8—工作台　9—横梁　10—刀架　11—滑枕　12—床身　13—底座　14—头架　15—工作台　16—砂轮　17—砂轮架　18—滑鞍　19—尾座　20—横向进给手轮　21—床身

3)砂轮架　砂轮架用于支承并传动高速旋转的砂轮主轴。砂轮架装在滑鞍上，当需磨削短圆锥面时，砂轮架可以在水平面内调整至±30°位置。

4)尾座　尾座和头架的顶尖一起支承工件。

5)滑鞍及横向进给机构　转动横向进给手轮，可以使横向进给机构带动滑鞍及其上面的砂轮架作横向进给运动。

6)工作台　工作台由上下两层组成。上工作台可绕下工作台的水平面内回转一个角度(±10°)，用以磨削锥度不大的长圆锥面。上工作台的上面装有头架和尾座，它们可随着工作台一起沿床身导轨作纵向往复运动。

5.2.2 知识点二:加工特点和应用范围

1.铣削加工

(1)加工特点

①铣刀是多齿刀具,铣削过程中多个刀齿同时参加切削,无空行程。硬质合金铣刀可以实现高速切削,所以通常情况下生产率较高。

②铣削力变动较大,易产生振动,切削不平稳。

③铣床、铣刀结构较复杂,且铣刀的制造与刃磨较困难,所以铣削成本较高。

④铣削经粗、精加工后都可达到中等精度。加工精度一般为IT9～IT8,表面结构参数值 Ra 为6.3～1.6 μm。

(2)加工范围

铣削工作范围很广,常见的有铣平面、铣沟槽、铣螺旋槽、铣成形面以及铣齿轮齿形等。铣削加工范围如表5-1所列。

表5-1 铣削加工范围

名称	简图	描述
铣平面	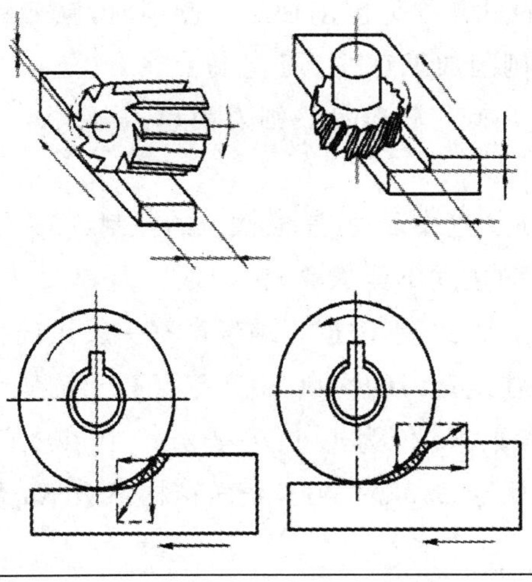	铣平面的方法有两种:周铣法和端铣法。端铣法较为常用,但在卧式铣床上铣平面时周铣法较为适用。对于周铣又分顺铣和逆铣两种方式
铣斜面		铣斜面主要有倾斜刀轴法和倾斜零件法

续表

名称	简图	描述
铣沟槽		键槽的形式可分为敞开式、封闭式和半封闭式三种。敞开式键槽一般用三面刃铣刀在卧式铣床上加工,封闭式键槽一般在立式铣床上用键槽铣刀或立铣刀加工,批量大时用键槽铣床加工
顶尖安装	工件 靠模 立铣刀	成形铣刀的形状要与成形面的形状相吻合。如零件的外形轮廓是由不规则的直线和曲线组成,这种零件就称为具有曲线外形表面的零件。这种零件一般在立式铣床上铣削

2.刨削加工

在刨床上用刨刀对工件进行切削加工的过程称为刨削加工。刨削时,刨刀的直线往复运动为主运动,工件的间歇移动为进给运动。刨削加工有以下工艺特点。

1)成本低廉　机床结构比较简单,调整和操作较容易。刨刀为单刃,形状与车刀相似,制造、刃磨、安装比较方便,加工成本低廉。

2)生产率较低　刨削加工的主运动为往复直线运动,受惯性力的限制,并为了减少刨刀切入和切出工件时所产生的冲击振动,主运动的速度不能太高;刨刀通常是单刃切削,且刨刀在返回的行程中不进行切削,增加了辅助时间。因此,刨削加工的生产率一般比铣削低。但对于窄长平面的加工,刨削因工件较窄而减少了往复走刀的次数,生产率又高于铣削。

3)加工精度较低　刨削加工表面结构参数 Ra 值为 1.6～6.3 μm。当在龙门刨床上用宽刃刨刀进行低速精刨时,其平面度可小于或等于 0.02/1 000,表面结构参数 Ra 值可达 0.4～0.8 μm。

刨削主要用来加工各种平面、直槽,也可以用来加工齿条、齿轮、花键及母线是直线的成形面等。

3.磨削加工

(1)加工特点

用高速旋转的砂轮对工件表面进行切削加工,从而获得图纸设计要求的尺寸精度、几何形状、表面结构要求的过程称为磨削加工。在机械制造业中,磨削是最常用的加工方法之一,可加工内外圆柱面、内孔、平面、螺旋面、齿轮齿廓面、花键、导轨和成形面等各种表面。

磨削加工一般用于半精加工和精加工,其工艺特点如下。

①砂轮相对于工件作高速旋转,一般砂轮的线速度可达 35 m/s。因此磨削加工是一种高速、多刃、微量的切削加工过程。

②能获得很高的加工精度和较低的表面结构参数值。其加工精度可达 IT5－IT6，表面结构参数 *Ra* 值为 1.25～0.01 μm，镜面磨削时 *Ra* 值为 0.04～0.01 μm。

③加工范围广。磨削加工不但可以对未淬火材料、铸铁、有色金属等软材料进行加工(如淬硬钢、耐热钢及特殊合金材料等坚硬材料)，也可以对淬火零件、各种切削刀具及硬质合金等高硬度材料进行加工。

④磨削温度高。在磨削过程中，由于切削速度很快，砂轮和工件接触处会产生大量切削热(温度超过 1 000 ℃)；同时，加工产生的高温磨屑在空气中发生氧化作用，生成火花，如果不对其进行及时清理，磨削伴随着高温会直接改变工件材料的性能而影响质量。因此，为了减少摩擦和迅速散热，降低磨削温度，备有充足的冷却液并及时冲走屑末是保证工件的表面质量不变的关键。

(2)加工范围

由于磨削的加工精度高，表面结构参数值较小，能磨削高硬脆的材料，因此磨削加工工艺在机械加工领域应用十分广泛。磨削常用加工范围如表 5－2 所列。

表 5－2　磨削加工范围

名称	简图	描述
外圆磨	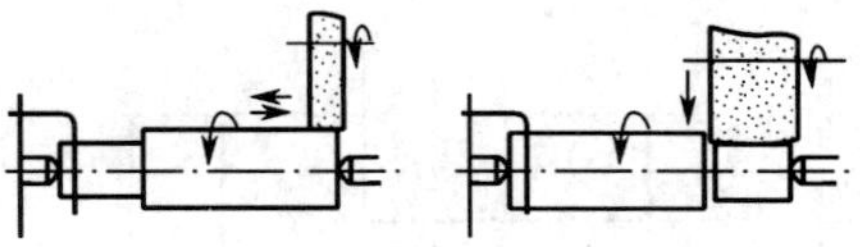	外圆磨削主要用于各种轴类及套类零件的外圆柱面、外圆锥面及台阶端面的加工。其常用的磨削方法有纵向磨削法、横向磨削法和综合磨削法
内圆磨	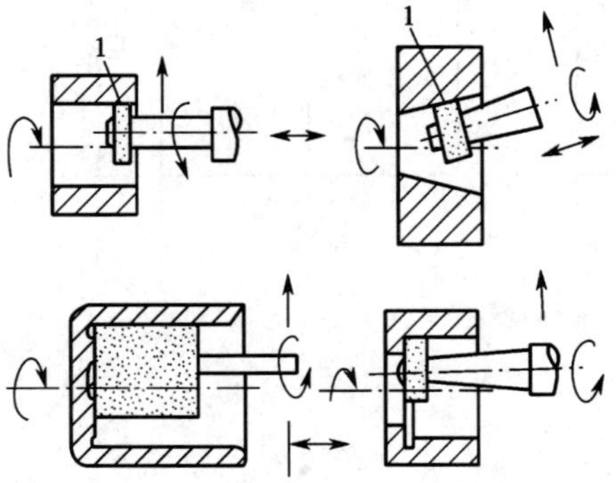 1　1	内圆磨削与外圆磨削相似，只是砂轮的旋转方向与磨削外圆时相反。内圆磨削分为纵向法和切入法
平面磨		平面磨削法分为周面磨削和端面磨削。周面磨削是指用砂轮的圆周面进行磨削的方法，端面磨削则指用砂轮的端面进行磨削的方法

续表

名称	简图	描述
无心磨	1—工件 2—砂轮 3—导轮 4—支架	一般在无心磨床上进行，用以磨削工件外圆。磨削时，工件不用顶尖定心和支承，而是放在砂轮与导轮之间，由其下方的托板支承，并由导轮带动旋转。磨削过程中工件运动稳定，易实现强力、高速和宽砂轮磨削

5.3 实训案例

5.3.1 案例一：铣沟槽

沟槽零件如图 5-2 所示，加工工艺过程如表 5-3 所列。

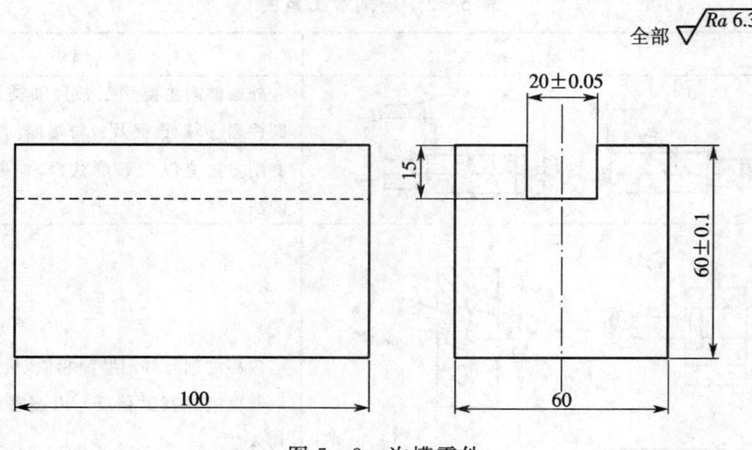

图 5-2 沟槽零件

表 5-3　沟槽零件铣削加工工艺过程

工序号	工序名称	工序内容	加工简图	设备
1	铣长方体	①准备 105 mm × 65 mm × 65 mm 的 45 钢毛坯 ②铣基准面 1，选取面积最大的面为基准面 ③依次铣削 2、3、4、5、6 面，保证尺寸 100 mm×60 mm×60 mm 及平行度要求		立式铣床，ϕ100 mm 圆盘铣刀
2	粗铣沟槽	①两次走刀纵向自动进给铣出宽 16 mm，深 14 mm 的沟槽 ②调整横向和垂直工作台，分别纵向自动进给，两侧铣去 1.5 mm，底部留 0.5 mm 余量		立式铣床，ϕ16 mm 直柄立铣刀
3	精铣沟槽	①测量确认横向背吃刀量 Δ 和垂向背吃刀量 δ ②调整工作台后分别纵向自动进给，两侧铣去 Δ，底部铣去 δ 余量		立式铣床，ϕ16 mm 直柄立铣刀
4	检验	①用锉刀去毛刺。 ②用游标卡尺或内径千分尺测槽宽，用深度尺或游标卡尺测槽深		

5.3.2　案例二：台阶零件刨削

台阶零件如图 5-3 所示，加工工艺过程如表 5-4 所列。

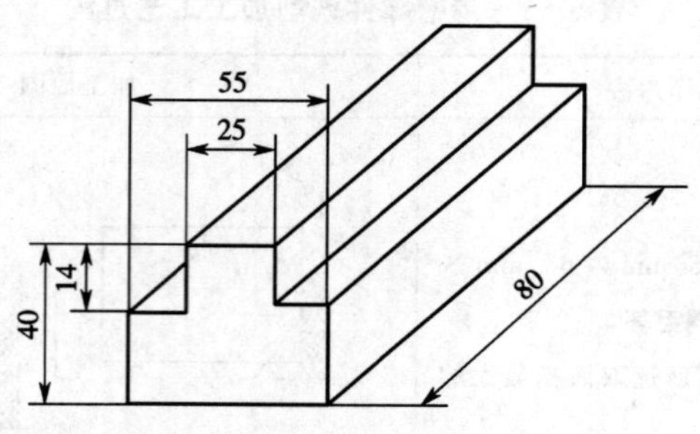

图 5-3　台阶零件

表 5-4　台阶零件刨削加工工艺过程

工序号	工序名称	工序内容	加工简图	设备
1	刨长方体	①准备 85 mm×60 mm×45 mm 的 45 钢毛坯 ②刨基准面 1,选取面积最大的面为基准面 ③依次铣削 2、3、4、5、6 面,保证尺寸 80 mm×55 mm×40 mm 及平行度要求	1 2 3 4	牛头刨床，端面刨刀
2	粗刨台阶	用右偏刨刀和左偏刨刀分别粗刨左边和右边台阶		牛头刨床,右偏刨刀，左偏刨刀
3	精刨台阶	用两把精刨偏刀精刨两边台阶面,严格控制台阶表面间的尺寸		牛头刨床，精刨偏刀

续表

工序号	工序名称	工序内容	加工简图	设备
4	检验	①用锉刀去毛刺 ②用游标卡尺或内径千分尺测相对面尺寸，用游标角度尺测相邻面的垂直度		

5.3.3 案例三：精密短轴磨削

短轴零件如图 5-4 所示，工件材料为 45 钢，车削后表面淬火，达到 62HRC 的硬度要求。经车削留 0.5 mm 的磨削余量。磨削时，砂轮线速度为 35 m/s。短轴加工工艺过程如表 5-5 所列。

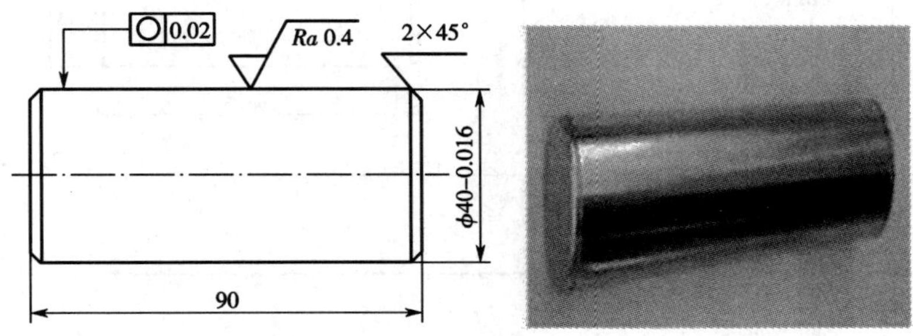

图 5-4　短轴零件

表 5-5　短轴零件加工过程

工序号	工序名称	工序内容	工序件简图	设备
1	下料	锯切 ϕ45 mm×95 mm 的 45 钢棒料	ϕ45 95	锯床
2	车外圆、车端面、倒角	经车床加工后得到 ϕ45 mm×95 mm 的短轴，留 0.5 mm 的磨削余量	ϕ40.5 90	车床

续表

工序号	工序名称	工序内容	工序件简图	设备
3	粗磨及半精磨	粗磨 3 次，每次磨去 0.1 mm 半精磨 2 次，每次磨去 0.05 mm	ϕ40.1 90	外圆磨床
4	、 精磨	精磨 4 次，每次磨去 0.025～0.04 mm	0.02 Ra 0.4 2×45° ϕ40−0.016 90	外圆磨床
5	检验	用外径千分尺测外圆尺寸，用游标卡尺测长度		

第6章　钳工工艺实训

学习重点

- 了解钳工加工的安全操作守则及实训要求。
- 了解巩固普通钳工加工设备与工具的用法等基本知识。
- 通过案例了解零件锯削、锉削、钻孔、攻丝和套扣等工艺过程。

6.1　实训安全

钳工是以手工操作为主，有时也借助钻床等设备，在金属材料处于冷态时，利用钳工工具对金属材料进行切削加工，获得合格产品的一种加工方法。钳工一般以手工为主，具有设备简单、操作方便、适用面广的特点，但生产效率低，劳动强度大，适合于单件与小批量制作、装配与维修作业。普通钳工工序包括：划线、錾削、锉削、锯削、钻孔、扩孔、锪孔、攻螺纹、套螺纹、刮削和研磨等。从安全文明实训的角度考虑，学生必须严格遵守以下事项。

一、钳工安全操作守则

①工作前先检查工作场地及工具是否安全，若有不安全之处及损坏现象，应及时清理和维修，并安放妥当。

②使用錾子首先应将刃部磨锋，尾部毛头磨掉，錾切时严禁錾口对人，并注意铁屑飞溅方向，以免伤人。使用榔头要先检查把柄是否松脱，并擦净油污，握榔头的手不准戴手套。

③锉刀必须带锉刀柄，操作中除锉圆面外，锉刀不得上下摆动，应重推轻拉，保持水平运动，锉刀不得沾油，存放时不得互相叠放。

④使用虎钳时应根据工件精度要求加放钳口铜，不允许在钳口上猛力敲打工件，扳紧虎钳时，用力应适当。不能使用加力杆，虎钳使用完毕，应将虎钳打扫干净，并将钳口松开。

⑤使用卡钳测量时，卡钳一定要与被测工件的表面垂直或平行。

⑥使用游标卡尺、千分尺等精密量具进行测量时，均应轻而平稳，不可在毛坯等粗糙表面上测量，不许测量正在发热的工件，以免卡脚磨损。

⑦使用千分表时，应使表与表架在表座上相当稳固，以免造成倾斜和动摆。

⑧使用水平仪时，要轻拿轻放，不要碰击，接触面未擦净前不准将水平仪摆上。

⑨攻丝与铰孔时，丝攻与铰刀中心均要与孔中心一致，用力要均匀，并按先后顺序进行。攻丝、套扣时，应注意反转，并根据材料性质，必要时加润滑油，以免损坏板牙和丝锥。铰孔时不准反转，以免刀刃崩坏。

⑩工作完毕后，收放好工具、量具，擦洗设备，清理工作台及工作场所，精密量具应仔细擦

净放在盒子里。

二、钳工文明实习要求

①工作前要穿戴好防护用品。

②女同学要戴帽子，男同学头发长时也要戴帽子。

③操作需戴防护眼镜，要大一点。

④不准穿拖鞋。

⑤在车间里要穿工作服，戴套袖，不要穿有导电性能的衣裤。

⑥钻孔时严禁戴手套。

⑦钻床和砂轮机在使用前一定要检查是否正常。

⑧不准擅自使用不熟悉的机床、量具和工具。

⑨工具摆放应有一定的规律性，严禁乱堆乱放。

⑩要用刷子或用铁钩子清除切屑，不要直接用手清除或用嘴吹。

⑪使用电动工具要有绝缘防护和安全接地措施。

6.2 基本知识点

6.2.1 知识点一：钳工设备

1. 钳工工作台

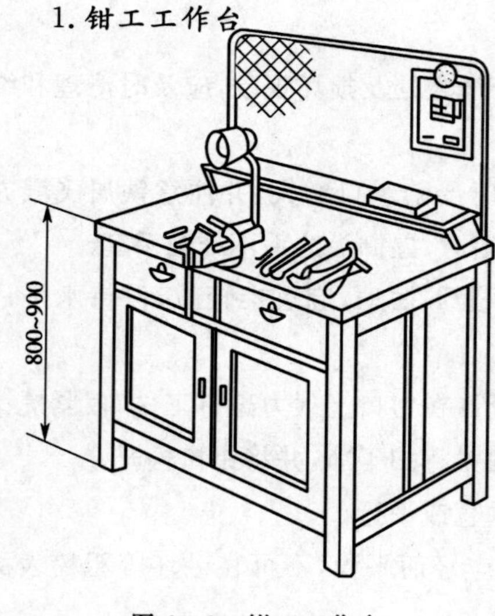

图 6-1 钳工工作台

钳工工作台如图 6-1 所示。台边装有台虎钳，台桌尺寸和结构可按工作需要制定，高度一般为 800～900 mm。

2. 台虎钳

台虎钳是用来夹持工件的工具。钳工常用的台虎钳有固定式和回转式两种，如图 6-2 所示，其中回转式台虎钳使用方便，应用较广。台虎钳的规格是用钳口宽度表示的，常用的规格有 100 mm、125 mm 和 150 mm 等。

3. 砂轮机

砂轮机用来刃磨錾子、钻头、刮刀等工具，有时也可代替手工操作进行修磨毛刺、锚边倒钝及磨削等，如图 6-3 所示。

4. 钻床

钻床是钳工加工过程中用来钻孔的设备。钻床的种类有台式钻床、立式钻床和摇臂钻床，如图 6-4 所示。

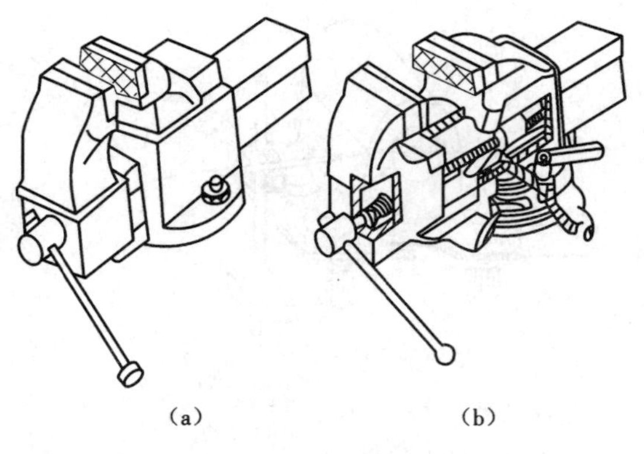
(a) (b)

图 6-2 台虎钳

(a)固定式 (b)回转式

图 6-3 砂轮机

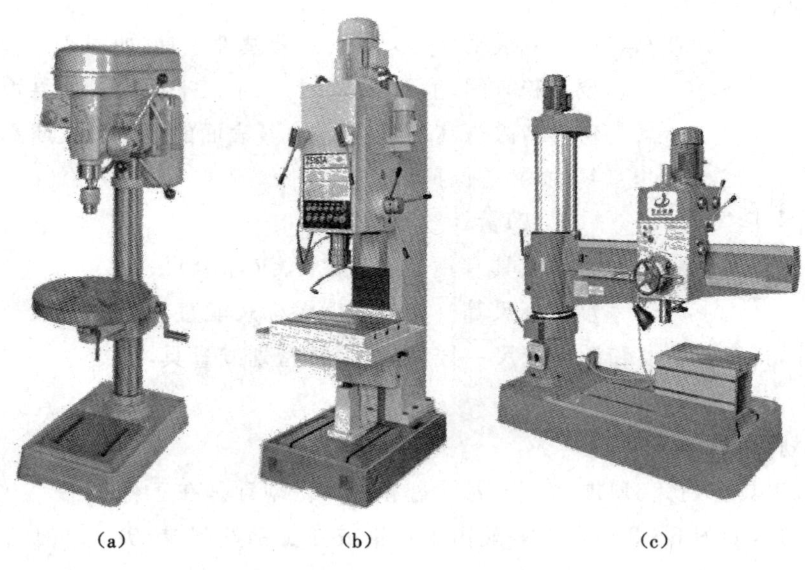
(a) (b) (c)

图 6-4 钻床

(a)台式钻床 (b)立式钻床 (c)摇臂式钻床

6.2.2 知识点二:普通钳工基本工艺方法

1. 划线

划线是根据图样的尺寸要求用划线工具在毛坯或半成品工件上划出待加工部位的轮廓线或基准的点、线的操作。

通过划线可以确定加工面的加工位置和加工余量,也可以发现不合格的毛坯并及时处理,还可以通过借料划线使误差较大的毛坯得到补救。

划线的种类分为平面划线、立体划线。平面划线是在工件或毛坯的一个平面上划线,见图6-5(a)。立体划线是平面划线的复合,是在工件或毛坯的长、宽、高三个方向划线,如图6-5(b)所示。

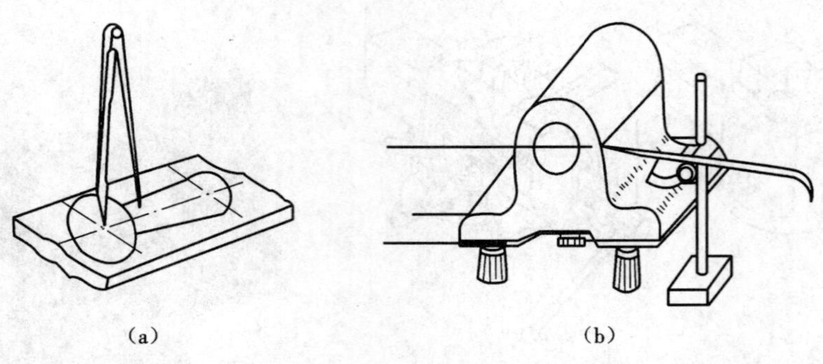

图 6-5　划线的种类

(a)平面划线　(b)立体划线

划线的工具很多，按用途分有基准工具、量具、直接划线工具以及夹持工具等。

(1)基准工具

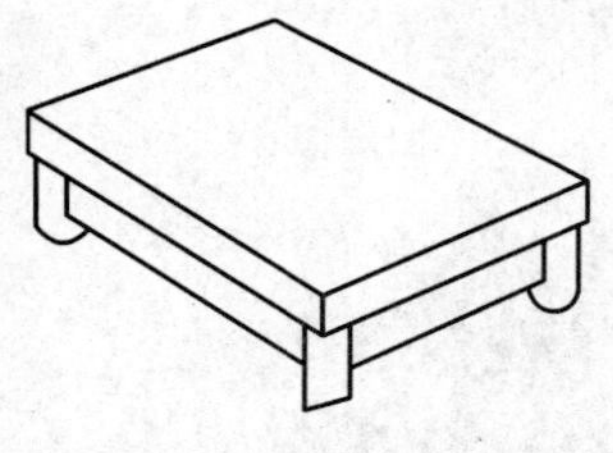

图 6-6　划线平台

划线平台是划线的主要基准工具，如图 6-6 所示。安放时要平稳牢固，上平面要保持水平。平面的各处要均匀使用，不许碰撞或敲击其表面，要注意其表面的清洁。长期不用时，应涂防锈油，并盖保护罩。

(2)量具

量具有钢尺、直角尺、游标卡尺、高度游标尺等。其中高度游标尺能直接测量出高度尺寸，其读数精度和游标卡尺一样，可作为精密划线量具，如图 6-7 所示。

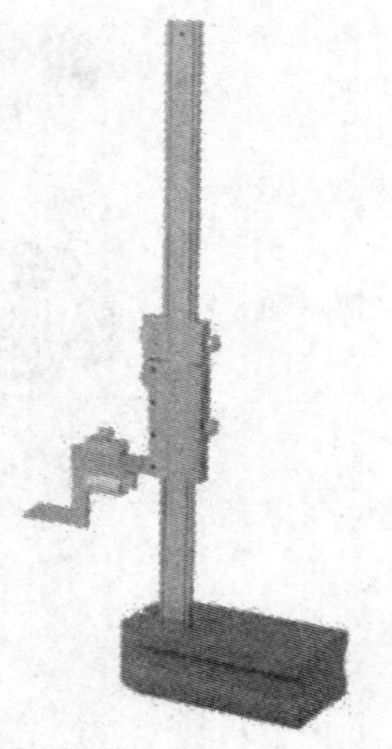

图 6-7　高度游标尺

(3)直接划线工具

直接划线工具有划针、划规、划卡、划针盘和样冲。划针是在工件表面划线的工具，如图 6-8 所示。一般由工具钢或弹簧钢丝制成，尖端磨成 15°～20°的尖角，并经过热处理，硬度达 55～60HRC。划规是划圆或划弧线、等分线段及量取尺寸等操作所使用的工具，其用法与制图中的圆规相同，如图 6-9 所示。划卡也称为单脚划规，用来确定轴和孔的中心位置。划针盘主要用于立体划线和工件位置的校正。用划针盘划线时，应注意划针装夹要牢固，伸出不宜过长，以免抖动。底座要保持与划线平板紧贴，不能摇晃和跳动，如图 6-10 所示。样冲是在划好的线上冲眼用的工具，通常用工具钢制成，尖端磨成 60°左右，并经过热处理，硬度达 55～60 HRC，如图 6-11 所示。冲眼是为了强化显示用划针划出的加工界线；在划圆时，需先冲出圆心的样冲眼，利用样冲眼作圆心才能划出圆线。样冲眼也可以作为钻孔前的定心。

(4)支承工具

方箱是用铸铁制成的空心立方体，其六个面都经过精加工，相邻的各面相互垂直。一般用来夹持、支承尺寸较小而加工面较多的工件。通过翻转方箱，可在工件的表面上划出相互垂直的线条，如图 6-12 所示。

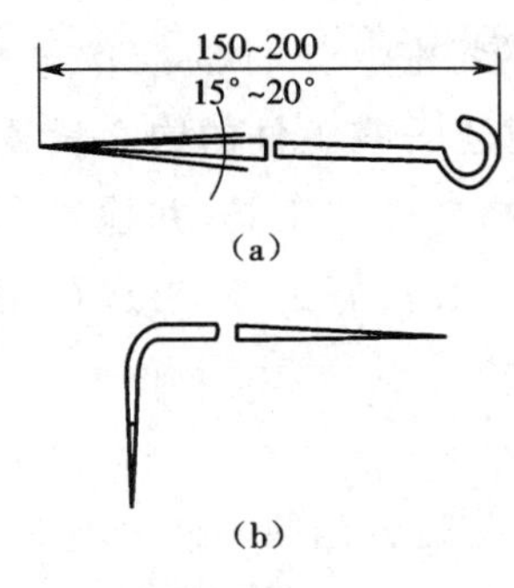

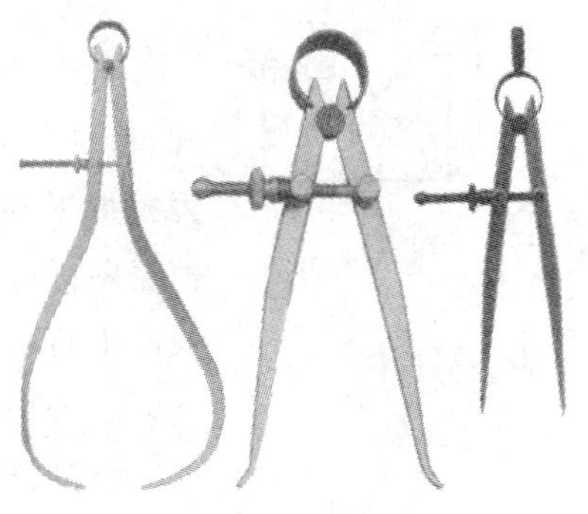

图 6-8　划针

(a)直划针　(b)弯头划针

图 6-9　划规

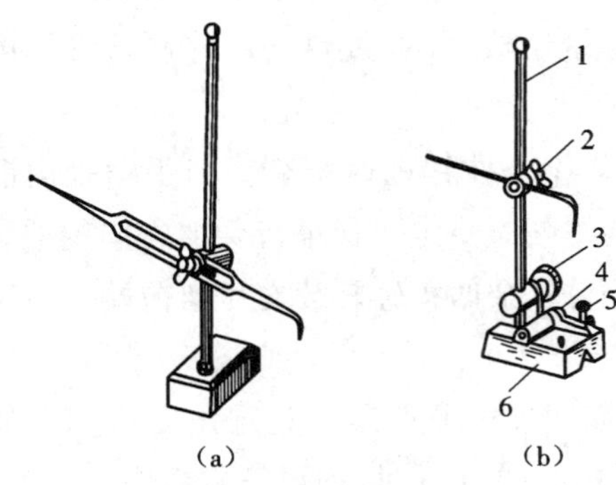

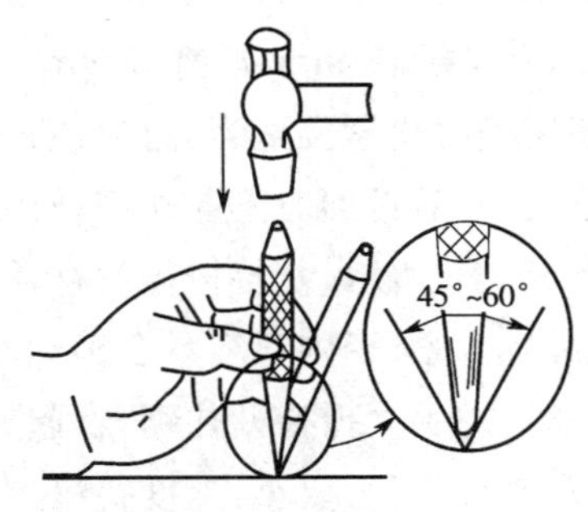

图 6-10　划针盘

(a)普通划针盘　(b)可调划针盘

1—支杆　2—划针夹头　3—锁紧装置

4—绕动杠杆　5—调整螺钉　6—底座

图 6-11　样冲

千斤顶是在平板上支承工件划线用的。其高度可以调整，常用于较大或不规则工件的划线找正，通常三个为一组，如图 6-13 所示。

图 6-12　方箱

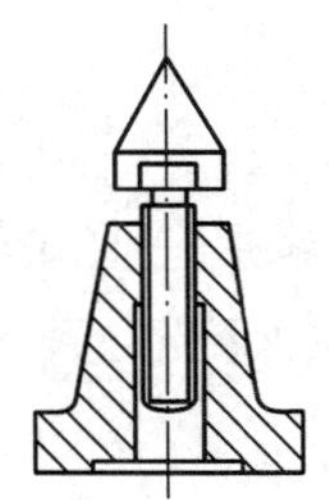

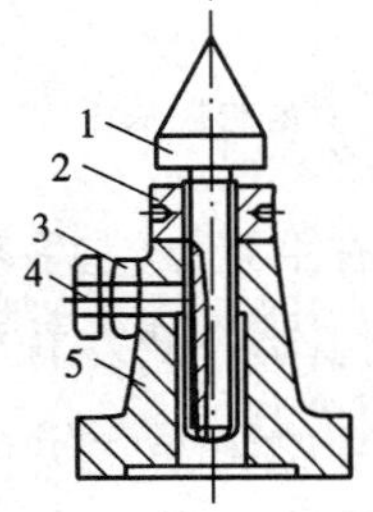

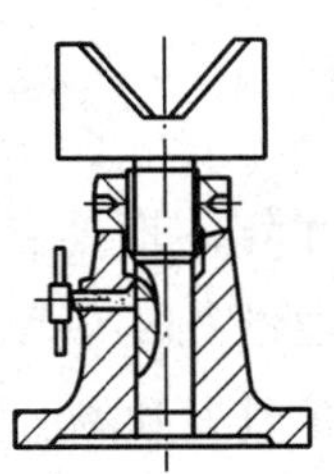

图 6-13　千斤顶

1—顶杆　2—圆螺母　3—锁紧螺母　4—定向螺母　5—千斤顶座

V 形铁用于支承圆柱形工件，使工件轴心线与平台平面平行，一般两块为一组，如图 6-14。

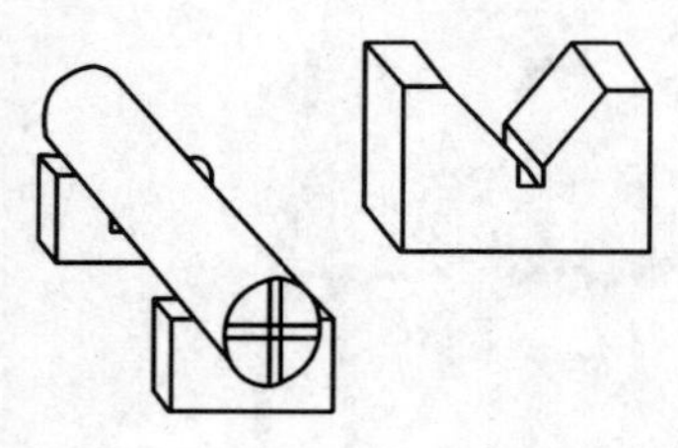
图 6-14　V形铁

(5) 划线步骤

首先是工件和工具的准备。工件的准备包括将工件清理、检查和表面涂色,有时还需在工件的中心设置中心塞块,再根据工件图样要求,选择合适的工具,并检查和校验工具,根据图样确定出划线基准,装夹好工件,再进行划线,最后在线条上打样冲眼。

2. 锯削

锯削是用手锯对材料进行分割的一种切削加工。其工作范围包括:分割各种材料或半成品;锯掉工件上多余的部分以及在工件上开槽。

锯削加工时所用的工具为手锯,它主要由锯弓和锯条组成。锯弓用来安装并张紧锯条,分为固定式和可调式。固定式锯弓只能安装一种锯条;可调式锯弓通过调节安装距离,可以安装几种长度规格的锯条。锯条用碳素工具钢或合金钢制成,并经过热处理淬硬。常用的手工锯条长 300 mm,宽 12 mm,厚 0.8 mm。

安装锯条时松紧要适当,过松或过紧都容易使锯条在锯削时折断。因手锯是向前推时进行切削,而在向后返回时不起切削作用,因此安装锯条时一定要保证齿尖的方向朝前。手锯的握法如图 6-15 所示,左手拇指放在手锯弓架背上,其余四指轻轻放在弓架前端。右手握住手柄,不要握得太紧,否则很容易会感到疲劳。

起锯时,左手大拇指贴住锯条,起导向作用,如图 6-16 所示。起锯角度约 15°,先锯出一条槽,行程要短,压力要小,速度要慢。当锯到槽深 2～3 mm 时,即可正常锯削。

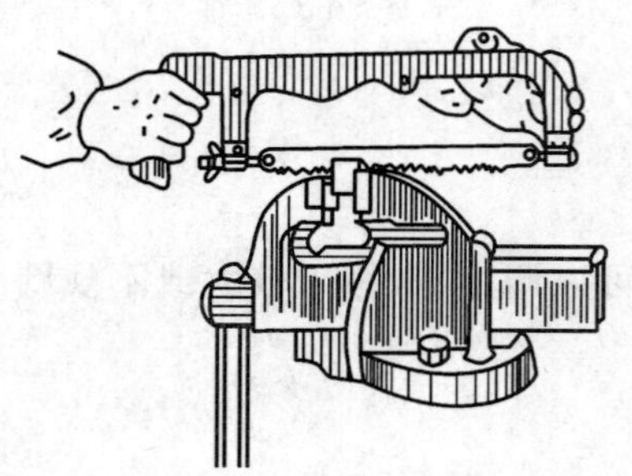
图 6-15　手锯的握法

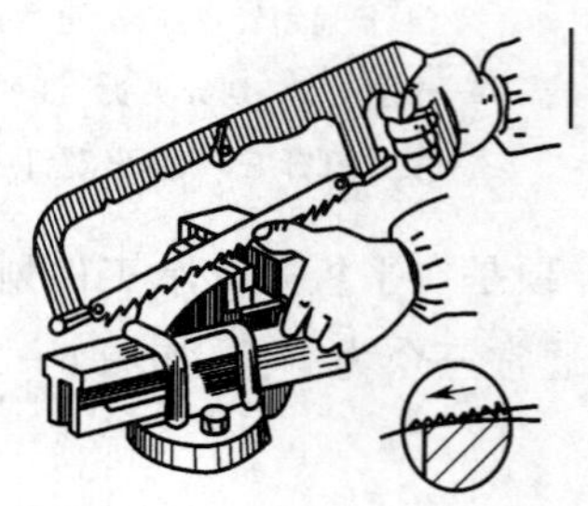
图 6-16　起锯示意图

手锯的推进主要靠右手施力,左手轻扶手锯并稍加压力。推锯时身体的上部略向前倾斜,并作直线往复运动,同时身体不要左右摆动,以保持锯缝平直。回复时,只要把手锯拉回即可。锯削的往复次数一般为每分钟 30～60 次为宜。

锯削中尽量利用锯条的全部长度,以延长锯条的使用寿命,收锯时要放慢,用力要小,留下的一点余量可以用手掰断。

必要时,锯削中可适当加些冷却润滑液,这不仅能提高锯条的寿命,也可减轻摩擦,使锯削出的表面更平整。润滑液一般为机油,锯削铸铁时可加柴油或煤油。

3. 锉削

锉削是用锉刀对工件进行切削加工,使之达到所要求的形状、尺寸和表面结构要求的操作。锉削是钳工中最基本的操作，主要安排在机加工、錾削和锯削之后，其目的是去除多余的金属，提高工件表面尺寸精度和减小工件表面结构参数值，其尺寸加工精度可达 0.01 mm，表面结构参数 Ra 值可达 0.8 μm。锉削一般用于精度要求较高、形状复杂工件的修整和装配。

(1)锉刀的种类

①按齿纹分，有粗纹锉刀、中纹锉刀、细纹锉刀、双细纹锉刀和油光锉刀。

②按长度分，有 100 mm、150 mm、200 mm、250 mm、300 mm、350 mm 及 400 mm 等规格。

③按用途分，有钳工锉刀、整形锉刀和特种锉刀。

钳工锉刀用于一般锉削加工，按断面形状和外形分为平锉、方锉、圆锉、半圆锉和三角锉等；整形锉刀适用于加工一些钳工锉刀难以加工的部位，或锉削一些较小的工件；特种锉刀适用于加工一些特殊形状的表面，其截面形状种类较多。锉刀一般用碳素工具钢(如 Tl2 钢或 Tl3 钢)制造，并经淬火和低温回火处理。

(2)锉刀的选用

①根据工件的形状和加工面大小选择相应的锉刀形状和规格，如图 6－17 所示。

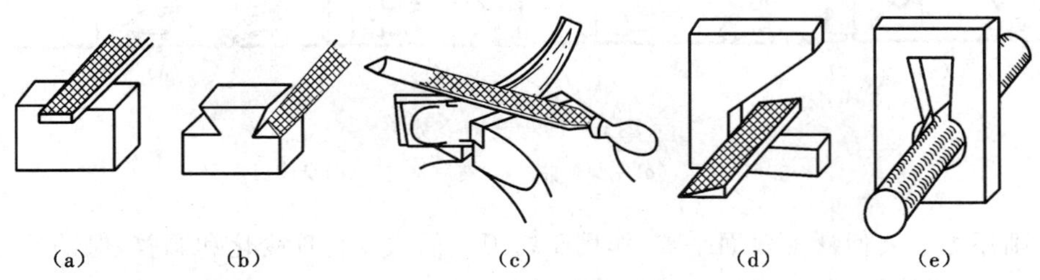

图 6－17　锉刀的选用

(a)锉平面　(b)锉燕尾槽　(c)锉曲面　(d)锉交角　(e)锉圆孔

②根据工件材料、加工余量、加工精度和表面结构要求来选择锉刀的粗细。一般材料较软、锉削加工余量较大、表面质量要求较低的工件要选用粗齿锉刀；材料硬、锉削加工余量少、表面质量要求高的工件则要选用中齿锉刀或锢齿锉刀。

(3)锉刀的握法

锉刀的握法随锉刀的大小及工件的不同而改变。图 6－18 为常用锉刀握法。

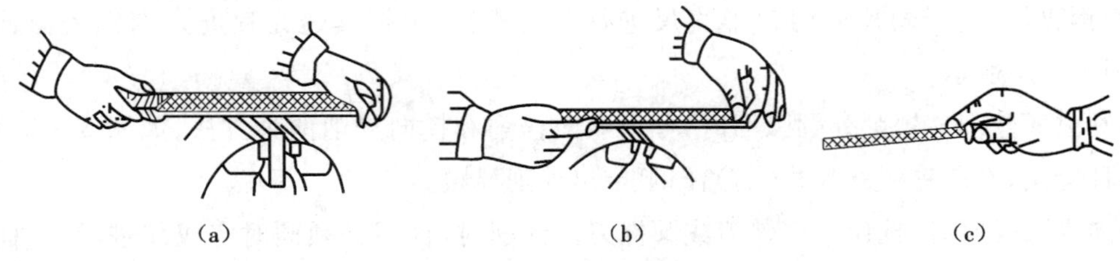

图 6－18　锉刀握法

(a)大锉刀握法　(b)中锉刀握法　(c)小锉刀握法

(4)锉削姿势和动作

1)站立位置和姿势　锉削时操作者的站立位置与錾削相同，身体保持自然并便于用力，以便能适应不同的锉削要求。

锉削时身体的重心要落在左脚上,右膝伸直,左膝随锉削时往复运动而曲伸,如图 6-19 所示。开始时,右肘收缩,如图 6-19(a)所示;前小半行程靠身体倾斜,左膝弯曲来完成,如图 6-19(b)所示;后大半行程靠右肘推进,身体继续倾斜一些来完成,如图 6-19(c)所示;回程时,身体放松,如图 6-19(d)所示。

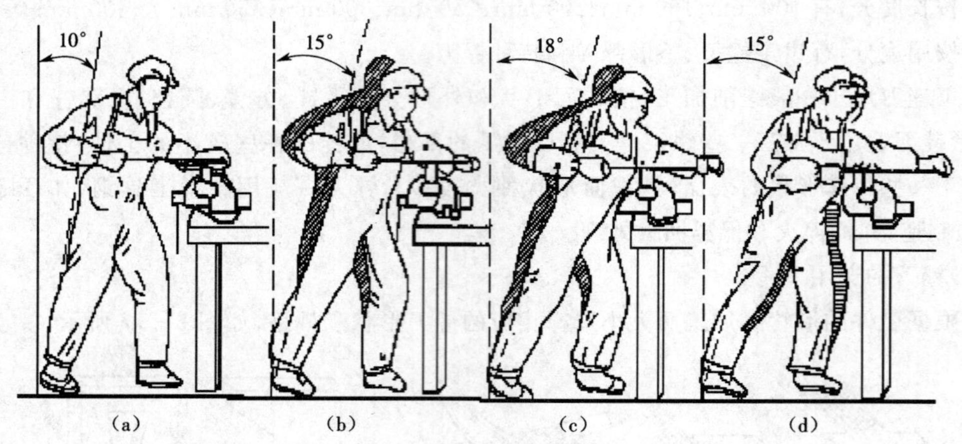

图 6-19 锉削姿势

(a)右肘收缩 (b)左膝弯曲 (c)右肘推进 (d)身体回复

2)锉削用力 要使锉削表面平整,作用于锉刀上的力要合理变化和调整,保证锉刀平稳运动,否则锉刀就会像跷跷板一样运动,从而使工件表面产生凹凸面。在锉削过程中,工件对于锉刀的反作用力的位置在不断变化,因此,必须调节两手对锉刀的作用力。开始时左手施加较大的压力,右手压力较小,但推力较大;当锉刀位于中间时两手压力基本相等;当锉刀再往前推时,左手压力逐渐变小,右手压力逐渐变大;回程时,两手都不施加压力。

3)锉削速度 锉削时的往复速度不要太快,一般以每分钟 40 个往返为最佳。工件硬时,速度要慢些,回程的速度可快些。锉削时,要充分利用锉刀的有效长度。

(5)锉削方法的种类

1)平面锉削 基本采用交叉锉法、顺向锉法及推锉法,如图 6-20 所示。工件在锉削过程中,可用钢直尺或 90°角尺或刀口形直尺进行对光检验,根据其透光程度来判别表面锉削质量,如图 6-21 所示。

2)圆弧面锉削 锉削外圆弧面时,分为顺向锉削和横向锉削两种方法,如图 6-22 所示。不论哪种锉法,都应先锉圆弧边线,给圆弧定出锉削界限。

锉削内圆弧面时,选用半圆锉刀或圆锉刀。锉削时,锉刀必须同时完成前进运动、向右或向左移动和绕锉刀中心线转动(按顺时针或逆时针方向转动约 90°),三个运动缺一不可,如图 6-23 所示。

4. 钻孔

各种零件上的孔加工,除去一部分用车、镗、铣等机床完成外,很大一部分是由钳工利用各种钻床完成的。

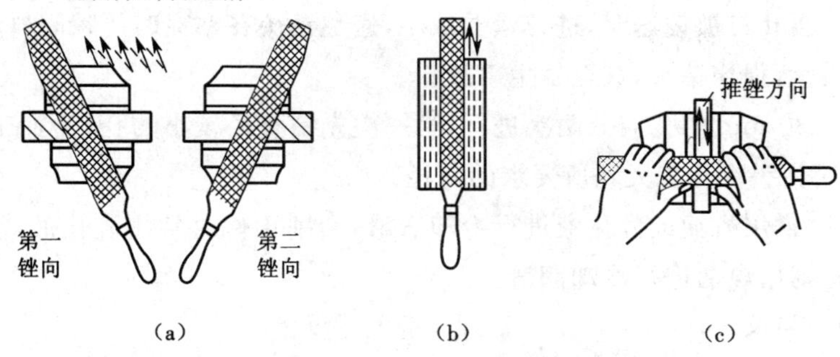

图 6-20　平面锉削的基本方法

(a)交叉锉法　(b)顺向锉法　(c)推锉法

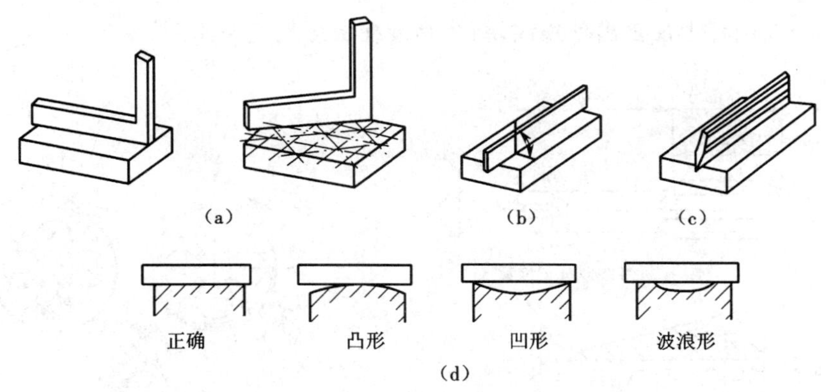

图 6-21　锉削平面的检验方法

(a)用 90°角尺检查　(b)用钢直尺检查　(c)用刀口形直尺检查　(d)检查结果

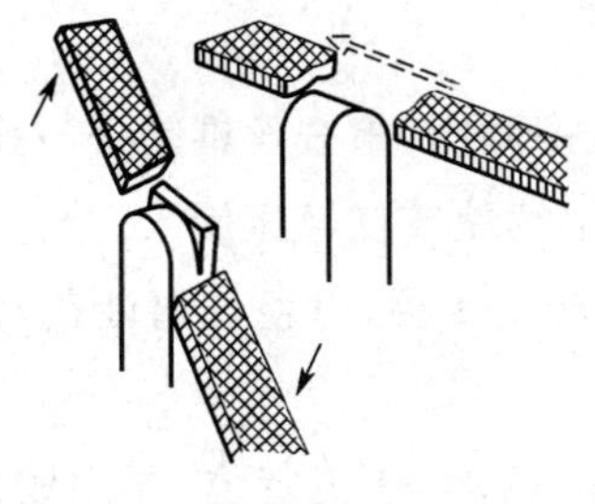

图 6-22　外圆弧面锉削方法图

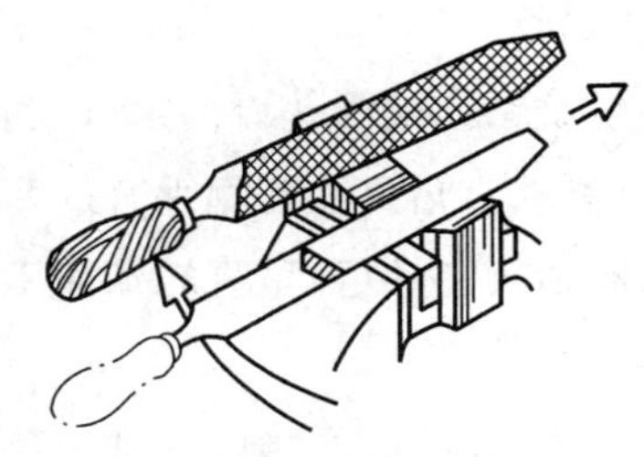

图 6-23　内圆弧面锉削方法

钳工加工孔的方法一般是指钻孔。用钻头在实心工件上加工出孔叫钻孔。钻孔的加工精度一般在 IT11 级以下，表面结构参数值 Ra 为 50～63 μm。常用的钻床有台式钻床、立式钻床、摇臂钻床三种。手电钻也是常用钻孔工具。钻头是钻孔用的主要刀具，用高速钢制造，工作部分经热处理淬硬至 HRC62～65。它由柄部、颈部及工作部分组成。钻孔操作步骤如下：

①钻孔前一般先划线，确定孔的中心，在孔中心先用冲头打出较大中心眼；

②钻孔时应先钻一个浅坑，以判断是否对中；

③在钻削过程中，特别钻深孔时，要经常退出钻头以排出切屑和进行冷却，否则可能使切

屑堵塞或钻头过热磨损甚至折断，并影响加工质量；

④钻通孔时，当孔将被钻透时，进刀量要减小，避免钻头在钻穿时的瞬间抖动，出现“啃刀”现象，影响加工质量，损伤钻头，甚至发生事故；

⑤钻削大于 ϕ30 mm 的孔应分两次进行，第一次先钻直径较小的孔(为加工孔径的 0.5～0.7 倍)，第二次用钻头将孔扩大到所要求的直径；

⑥钻削钢件时常用机油或乳化液进行冷却润滑，钻削铝件时常用乳化液或煤油进行冷却润滑，钻削铸铁时则用煤油进行冷却润滑。

5. 攻螺纹和套螺纹

工件圆柱表面上的螺纹称为外螺纹；工件圆柱孔内侧面上的螺纹为内螺纹。常用的螺纹工件其螺纹除采用机械加工外，还可以由攻螺纹和套螺纹等钳工加工方法获得。

攻螺纹(攻丝)是用丝锥(如图 2－24)夹持在铰杠上加工出内螺纹；套螺纹(套丝)是用板牙(如图 6－25)在圆杆上加工出外螺纹，板牙是装在板牙架上使用的。

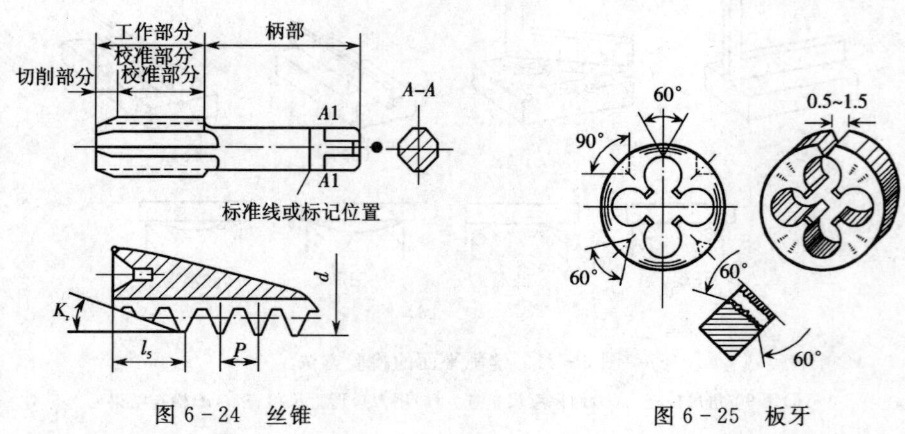

图 6－24　丝锥　　　　图 6－25　板牙

(1)攻螺纹

先将螺纹钻孔端面孔口倒角，以利于丝锥切入。先旋入一两圈，检查丝锥是否与孔端面垂直(可用目测或直角尺在互相垂直的两个方向检查)。然后继续使铰杠轻压旋入。当丝锥的切削部分已经切入工件后，可只转动而不加压，每转一圈应反转 1/4 圈，以便切屑断落，如图 6－26 所示。

攻完头锥再继续攻二锥、三锥。每更换一锥，先要旋入一两圈，扶正定位，再用铰杠，以防乱扣。攻钢料工件时，加机油润滑，可使螺纹光洁，并能延长丝锥使用寿命；对铸铁件，可加煤油润滑。

(2)套螺纹

套螺纹过程与攻螺纹相似。板牙端面应与圆杆垂直，操作时用力要均匀。开始转动板牙时，要稍加压力；套入三四扣后，可只是转动不加压，并经常反转，以便断屑，如图 6－27 所示。

攻螺纹和套螺纹时操作要注意：起攻(起套)要从前后、左右两个方向观察与检查，及时进行垂直度的找正，这是保证攻螺纹(套螺纹)质量的重要操作步骤。特别是套螺纹，由于板牙切削部分圆锥角较大，起套的导向性较差，容易产生板牙端面与圆杆轴心线不垂直的情况，造成

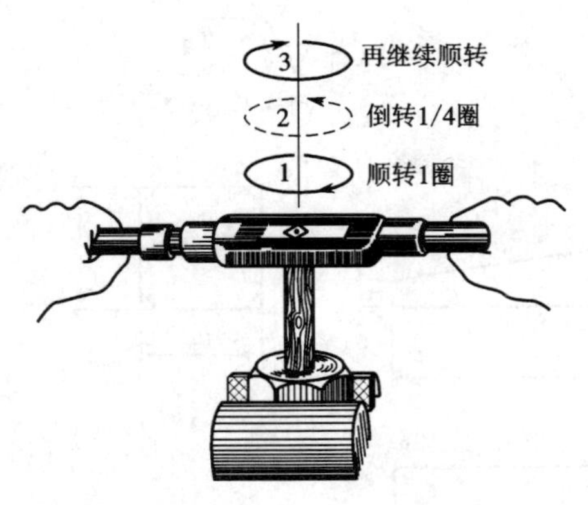

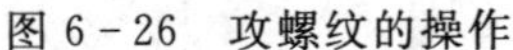

图 6-26　攻螺纹的操作

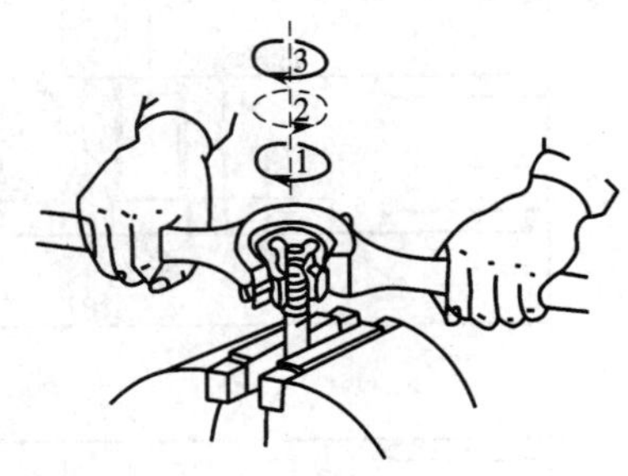

图 6-27　套螺纹操作

烂牙(乱扣),甚至不能继续切削。起攻、起套操作正确,两手用力均匀及掌握好最大用力限度是攻螺纹、套螺纹的基本功之一,必须用心掌握。

6.3　实训案例

6.3.1　案例一:制作六角螺母

六角螺母图样如图 6-28 所示。

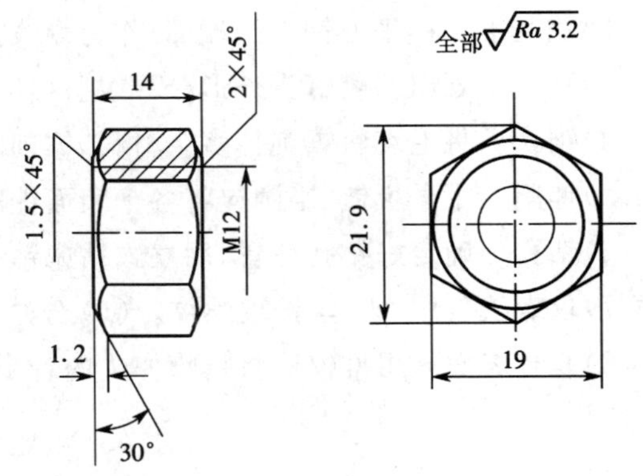

图 6-28　六角螺母图样

加工步骤如下:

①划线,确定正六边形各顶点及中心并打好样冲点;

②加工第一条边到平直;

③加工第一条边的对边,保证尺寸为 19 mm;

④加工第一条边的邻边,保证角度为 120°;

⑤加工第一条边的对边,同样保证尺寸为 19 mm,并同时保证与步骤③的边的角度;

⑥依次加工完最后的两条边,得到完整的正六边形;

⑦加工螺母两个侧面,保证螺母厚度 14 mm,并将边缘制成 30°倒角;

⑧在中心处钻孔 ϕ10.5 mm,并用 ϕ14 mm 钻头倒角,其中一面宽度为 1.5 mm,另一面宽度为 2 mm;

⑨用 M12 丝锥进行攻螺纹。

6.3.2　案例二:鸭嘴榔头制作

鸭嘴榔头图样如图 6-29 所示

鸭嘴榔头是钳工实训的经典加工工件,它包含了普通钳工的划线、锯削、锉削、钻孔、攻丝

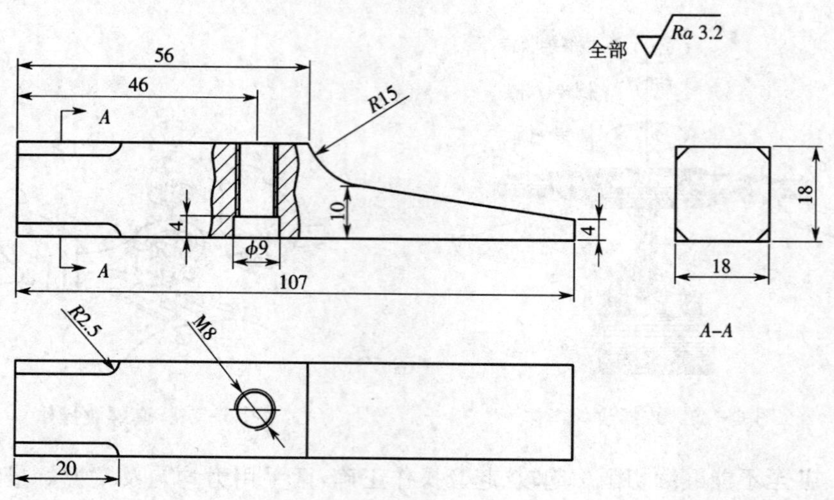

图 6-29　鸭嘴榔头图样

等操作内容，可以让学生对钳工手持工具的操作方法得到很好的锻炼。具体加工过程和评分标准如下。

1)下料　1 根长 110 mm 的 18×18 方钢。(5 分)

2)找基准　锉平方钢一个端面，作为划线操作的基准面。(10 分)

3)划线　划出鸭嘴榔头外形分界线。(15 分)

4)锯切　将毛坯料锯削掉多余材料，锯削时要留 1 mm 作为加工余量。(20 分)

5)锉削　用平板锉、半圆锉将各个表面锉削到相应的尺寸界线。(20 分)

6)钻孔　确定好钻孔位置，用立式钻床钻 M8 螺纹底孔，并将孔边缘倒角。(10 分)

7)攻螺纹　用 M8 丝锥攻螺纹。(10 分)

8)修整表面　用推锉法将鸭嘴榔头的各个表面修锉平整，锉纹一致。(10 分)

第 7 章 机械拆装工艺实训

学习重点

- 了解机械拆装的安全操作守则及实训要求。
- 了解巩固机械装配和拆卸的基本知识。
- 通过案例了解机械拆装的工艺过程。

7.1 实训安全

装配是得到一台完整机械产品的重要工艺过程，拆卸是机械产品维护保养的必要环节。在机械拆装过程中，如果一些设备和工具操作使用不当，有可能造成人身伤害。因此，在机械拆装过程中，安全非常重要，必须掌握安全知识。熟悉和掌握安全操作常识，养成零部件拆装后的正确放置、分类及清洗方法，培养文明实训的良好习惯。

一、机械拆装安全操作守则

①进入拆装场地必须统一穿着工作服，女同学戴好工作帽，不允许穿拖鞋或凉鞋，不允许戴戒指、手镯。

②在拆装场地不允许说笑打闹，大声喧哗。

③工作前必须检查手用工具是否正常，并按手用工具安全规定操作。

④懂得并能正确使用常用拆装工具、机具、测量仪器等，掌握零部件的常规检测要素、测量工具的应用及其测量方法。

⑤拆装场地要经常保持整洁，通道不准放置物品，废料应及时清除。

⑥任何设备在拆装前，首先要切断电源，防止误开机器发生事故。

⑦拆卸机器时应注意有弹性的零件，防止这些零件突然弹出伤人。

⑧拆卸下的零部件应摆放有序，不得乱丢、乱放，能滚动的零部件应两侧卡死，不让其转动。

⑨拆装机器时，首先应了解机器性能、作用及各部分的重要性，按顺序拆装。

⑩使用手钻要穿戴绝缘护具，钻孔时应戴上防护镜。

⑪拆装机器时，手脚不得放在或踏在机器的转动部分。

⑫拆装零件、部件与搬运工件时，要稳妥可靠，以免零部件跌落受损或伤人。

⑬用电之前必须通过专业电工将电线接妥后方可使用。

⑭锤击零件时，受击面应垫硬木、紫铜棒或尼龙棒等材料。

⑮把轴类零件插入机器时，禁止用手引导、用手探测或把手插入孔内。

⑯递接工具材料、零件时禁止投掷。

⑰工作完毕要做到“三清”，即场地清、设备清、工具清。

二、机械装配基本要求

①必须按照设计、工艺要求及本规定和有关标准进行装配。

②装配环境必须清洁。高精度产品的装配环境温度、湿度、防尘量、照明防震等必须符合有关规定。

③所有零部件(包括外购、外协件)必须具有检验合格证方能进行装配。

④零件在装配前必须清理和清洗干净，不得有毛刺、飞边、氧化皮、锈蚀、切屑、砂粒、灰尘和油污等，并应符合相应清洁度要求。

⑤装配过程中零件不得磕碰、划伤。

⑥油漆未干的零件不得进行装配。

⑦相对运动的零件，装配时接触面间应加润滑油(脂)。

⑧各零件、部件装配后相对位置应准确。

三、机械拆卸注意事项

①拆卸前应先切断电源，擦拭设备，放出切削液和润滑油。

②选择清洁、方便作业的场地实施拆卸。

③拆卸顺序一般与装配顺序相反，拆卸顺序是:先附件后主机，先外后内，先上后下，即先拆外部附件，再将总机拆成总成、部件，最后全部拆成零件，并按部件汇集放置。

④对电气元件及易氧化、易锈蚀的零件要进行保护。

⑤根据零部件连接形式和规格尺寸选用合适的拆卸工具和设备。

⑥对不可拆的连接或拆后降低精度的结合件，拆卸时需注意保护。

⑦有的机械拆卸时需采取必要的支承和起重措施，在操作中严防倒覆和掉落。

⑧当两个人以上作业时，要注意配合、呼应。

7.2 基本知识点

7.2.1 知识点一:机械装配概念

任何一台机器设备都由许多零件组成，将若干合格的零件按规定的技术要求组合成部件，或将若干个零件和部件组合成机器设备，并经过调整、试验等成为合格产品的工艺过程称为装配。

机械设备或产品的制造过程要经过设计、零件制造、装配三个过程。装配是机械设备(产品)制造过程中的最后一个阶段，在这一阶段中，要进行装配、调整、检验和试验等工作。因此，装配在机械产品制造过程中占有非常重要的地位，装配工作的好坏，对产品质量起着决定性作用。装配工作是一项非常重要的工作，必须认真按照产品装配图的要求，制订出合理的装配工艺规程以及采用新的装配工艺，以提高装配精度，达到优质、高效、低耗的目的。

装配工作的重要性在于机械设备(产品)的质量,如工作性能、使用效果和使用寿命等,最终是由装配质量来保证的。同时装配工作也是对机械设备(产品)和零件加工质量的一次总检验,发现装配中存在的问题应不断改进。随着机器装配在整个机器制造中所占的比重日益加大,装配工作的技术水平和劳动生产率必须大幅度提高,才能适应整个机械工业的发展形势。本章重点介绍为达到装配精度而采取的四种装配方法、各自的优缺点、使用场合。

零件之间的配合不符合规定的技术要求,或者零部件之间、机构之间的相互位置不正确,不仅影响机器的性能,甚至使机器无法正常工作。因此,在装配工作中要做到重视零件清洁,不许乱敲乱打,按工艺要求进行装配。

图 7-1 和图 7-2 分别为典型的螺纹及轴承装配工艺图。

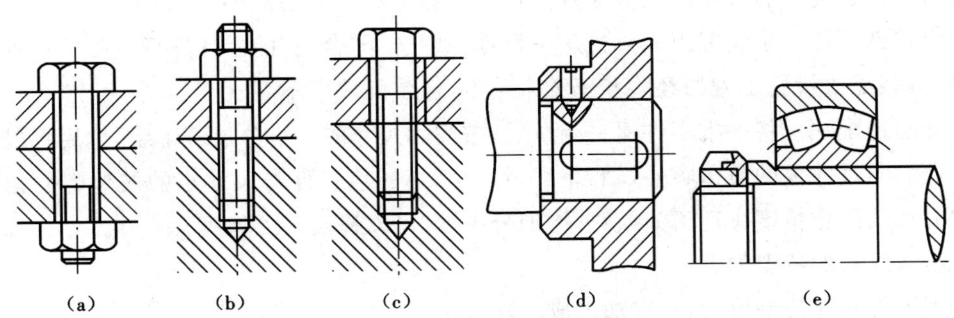

(a)　(b)　(c)　(d)　(e)

图 7-1　常用的螺纹联接

(a)螺栓联接　(b)双头螺栓联接　(c)螺钉联接　(d)螺钉固定　(e)圆螺母固定

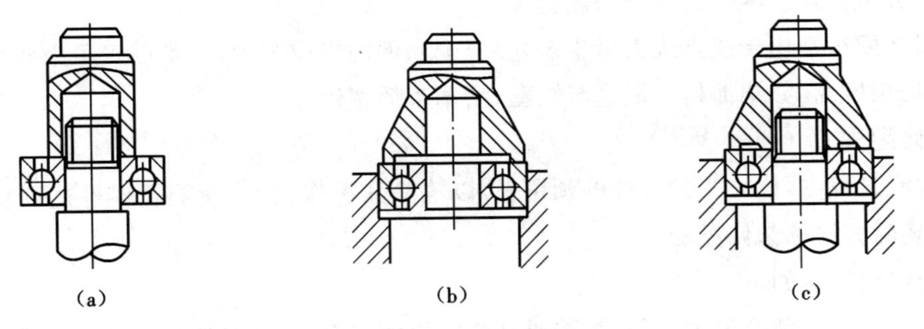

(a)　(b)　(c)

图 7-2　滚动轴承的装配

(a)施力于内圈端面　(b)施力于外圈端面　(c)施力于内外圈端面

7.2.2　知识点二:装配方法及过程

1.装配方法

为了保证机器的工作性能和精度,在装配过程中必须达到零件、部件相互配合的规定要求。根据产品的结构、生产条件和生产批量的不同,为保证规定的配合要求,一般采用如下装配方法。

(1)完全互换法

装配时,在同类零件中任取一个装配零件,不经修配和调整即能达到装配精度要求的装配方法称为完全互换法。按完全互换法进行装配的产品，其装配精度完全由零件制造精度保证。

完全互换法的特点如下：

①装配操作简便，生产效率高；

②对工人技术水平要求不高；

③容易确定装配时间，便于组织流水线装配；

④便于实现零件、部件专业化协作；

⑤备件供应方便。

(2)选配法

将零件的制造公差适当放宽，然后选取其中尺寸相当的零件进行装配，以达到配合要求，这种方法称为选配法。选配法又分为直接选配法和分组选配法两种。

1)直接选配法　由装配工人直接从一批零件中选择"合适"的零件进行装配。这种方法比较简单，其装配质量凭工人的经验和感觉来确定，但装配效率不高。

2)分组选配法　将一批零件逐一测量后，按实际尺寸的大小分成若干组，然后将尺寸大的包容件(孔)与尺寸大的被包容件(轴)相配，将尺寸小的包容件与尺寸小的被包容件相配。这种装配方法的配合精度决定于分组数，增加分组数，可以提高装配精度。

分组选配法的特点如下：

①因零件制造公差放大，所以加工成本降低；

②增加了对零件的测量分组工作量，并需要加强对零件的储存和运输的管理，同时会造成半成品和零件的积压；

③经分组选择后零件的配合精度提高。

分组选配法常用于成批或大量生产，要求配合件的组成数少，又不便于采用调整装配的情况，但装配精度高，如柴油机的活塞与缸套、活塞与活塞销等。

(3)修配法

在装配过程中，修去某配合件的预留量，以消除其积累误差，使配合零件达到规定的装配精度，此装配方法称为修配法。

修配法的特点如下：

①零件的加工精度要求降低，不需要高精度的加工设备，可节省机械加工时间；

②装配工作复杂化，装配时间增加，适用于单件、小批生产或成批生产高精度的产品。

(4)调整法

在装配时，调整一个或几个零件的位置，以消除零件间的积累误差，来达到装配的配合要求。如用不同尺寸的可调节螺母或螺钉、镶条等来调整配合间隙。

调整法的特点如下：

①装配时，零件不需要进行任何修配加工，只靠调整就能达到装配精度要求；

②调整法易使配合件的刚度受到影响，有时会影响配合件的位置精度和寿命，所以在调整时要认真仔细，要求调整后机器固定、坚实、牢靠；

③可以定期进行调整，调整后容易恢复配合精度，对于容易磨损而需要改变配合间隙的结构，极为方便有利。

2. 装配过程

(1)准备工作

①熟悉产品装配图、工艺文件和技术要求,了解产品的结构、功能、各主要零件的作用以及相互之间的连接关系,并对与装配零部件相配套的品种及其数量进行检查。

②确定装配方法和顺序,准备所需要的工具。

③对装配的零件进行清理和清洗,去除零件上的毛刺、铁锈、切屑、油污及其他脏物,以获得所需的清洁度。

④检查零件加工质量,对某些零件进行必要的平衡试验、渗漏试验和气密性试验等。

(2)装配工作

结构复杂的产品,其装配工作通常分为组件装配、部件装配和总装配,装配过程要按顺序依次进行。

1)组件装配　将若干零件安装在一个基础零件上而构成组件。如减速器中一根传动轴就是由轴、齿轮、键等零件装配而成的组件。

2)部件装配　将若干个零件、组件安装在另一个基础零件上而构成部件(独立机构)。如车床的床头箱、进给箱、尾架等。

3)总装配　将若干个零件、组件、部件组合成整台机器的操作过程称为总装配。例如车床就是把几个箱体等部件、组件、零件组合而成。

(3)调整、精度检验和试车

1)调整　调节零件或机构的相互位置、配合间隙、结合面松紧程度等,目的是使机构或机器工作协调,如轴承间隙、镶条位置、蜗轮轴向位置的调整等。

2)精度检验　指几何精度检验和工作精度检验等。几何精度通常是指形位精度,如车床总装后要检验主轴中心线和床身导轨的平行度、中拖板导轨和主轴中心线的垂直度以及前后两顶尖的等高程度。工作精度一般指切削试验,如车床进行车外圆或车端面试验。

3)试车　试验机构或机器运转的灵活性、密封性、振动、工作温度、噪声、转速、功率等性能参数是否符合要求。

4. 喷漆、涂油、装箱

喷漆是为了防止不加工面的锈蚀和使机器外表美观;涂油是使工作表面及零件已加工表面不生锈;装箱是为了便于运输。它们也都需结合装配工序进行。

7.2.3　知识点三:装配工艺规程

装配工艺规程是规定装配全部部件和整个产品的工艺过程,以及所使用的设备和工夹量具等的技术文件。一般来说,工艺规程是生产实践和科学实验的总结,应符合“优质、高效、低耗”的原则,是提高产品质量和劳动生产率的有效措施,也是组织生产的重要依据。

1)对产品进行分析　认真研究产品装配图、装配技术要求及相关资料,了解产品的结构特点和工作性能,根据企业的生产设备、规模等具体情况决定装配的组织形式和保证装配精度的装配方法。图 7 - 3 为一锥齿轮轴组件的装配图。

2)对产品进行分解　划分装配单元,确定装配顺序。通过对产品进行工艺性分析,将产品分解成若干可独立装配的组件和分组件，即装配单元。

确定产品和各装配单元的装配顺序时，首先应确定装配基准件。部件装配应从基准零件开始，总装配应从基准部件开始，然后根据装配结构的具体情况，按照先下后上，先内后外，先难后易，先精密后一般，先重大后轻小的规律去确定其他零件或装配单元的装配顺序。图 7-4 为锥齿轮轴组件的装配顺序。

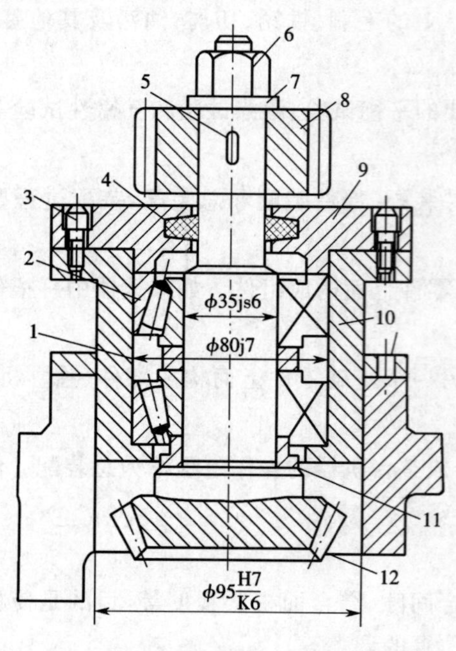

图 7-3　锥齿轮轴组件装配图

1—隔圈　2—轴承　3—螺钉　4—毛毡圈　5—键
6—螺母　7—垫圈　8—圆柱齿轮　9—轴承盖
10—轴承套　11—衬垫　12—锥齿轮轴

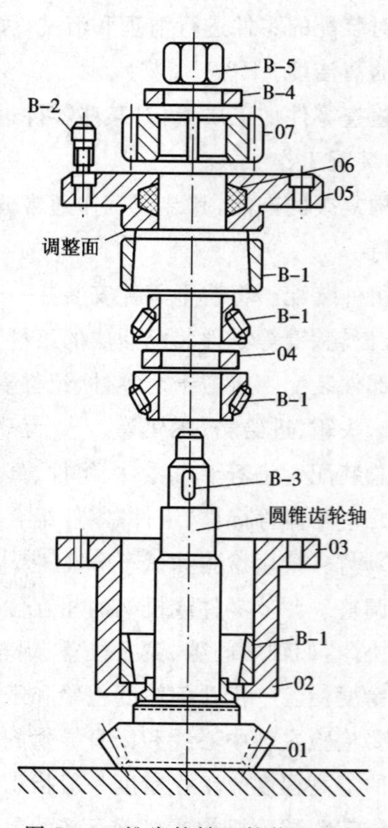

图 7-4　锥齿轮轴组件装配顺序

7.2.4　知识点四：拆卸方法

1）击卸法　击卸法是利用锤子或其他重物在敲击或撞击零件时产生的冲击能量把零件拆下。击卸过程中必须注意对零件的保护，击卸保护方法如图 7-5 所示。

2）顶压法　顶压法是利用螺旋 C 型夹头、机械式压力机、液压压力机或千斤顶等工具和设备进行拆卸的方法。顶压法适用于形状简单的过盈配合件的拆卸。当不便用上述工具进行拆卸时，可采用工艺孔，借助螺钉进行拆装，如图 7-6 所示。

3）拉拔法　拉拔法是利用拔销器、顶拔器等专门工具或自制顶拔工具进行拆卸的方法，如图 7-7 所示。

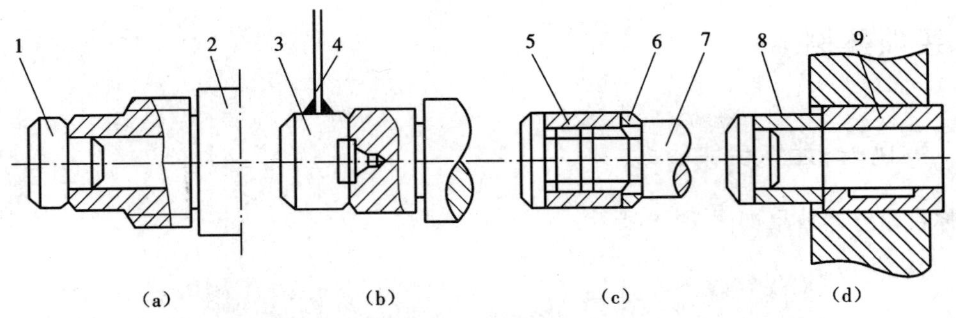

图 7-5　击卸保护方法

(a)保护主轴的垫铁　(b)保护中心孔的垫铁　(c)保护轴螺纹的垫套　(d)保护轴套的垫套

1、3—垫铁　2—主轴　4—铁条　5—螺母　6、8—垫套　7—轴　9—轴套

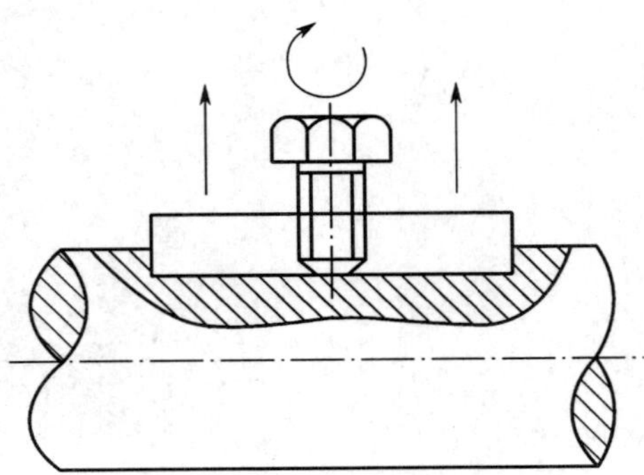

图 7-6　顶压法

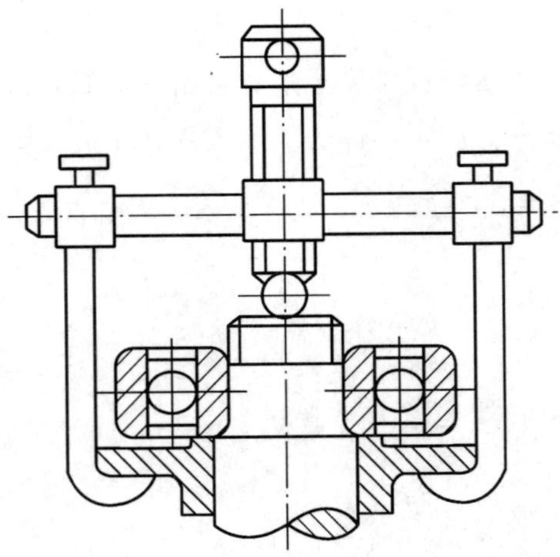

图 7-7　拉拔法

7.3 实训案例

7.3.1 案例一:迷你台钳拆装

迷你台钳整体效果如图 7-8 所示。

图 7-8 迷你台钳装配效果

根据迷你台钳的结构,将其分为工作部分(上半部分)和安装部分(下半部分),分别如图 7-9 和 7—10 所示。

按照图中零件的顺序,要求每组同学完成迷你台钳的拆卸和组装,指出相互配合的零件及配合性质,分析台钳中如图 7-11 所示零件的加工工艺。

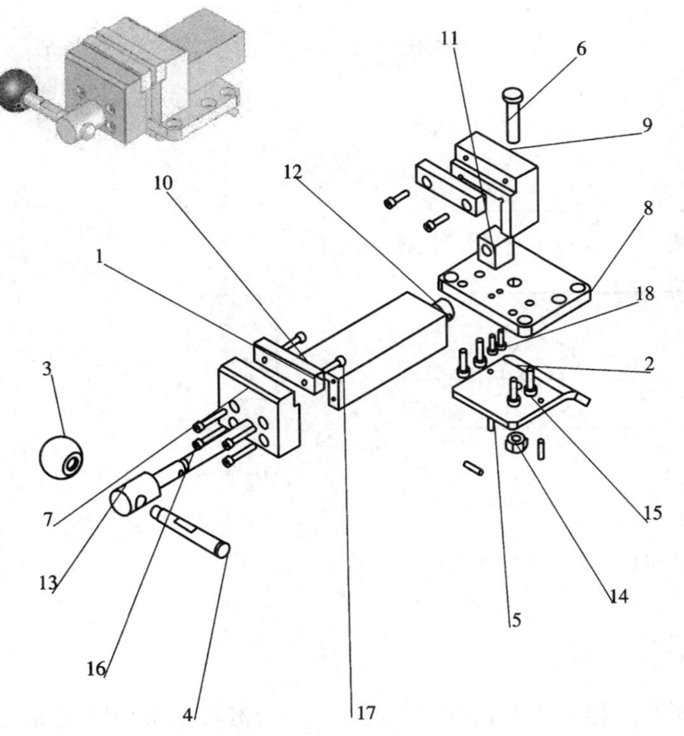

项目号	零件号	说明	数量
18	M4×10		2
17	M4×16		4
16	M4×25		4
15	M5×16		4
14	M8螺母		1
13	主轴		1
12	主轴限位块		1
11	台钳主轴定块		1
10	台钳动块		1
9	台钳固定端面		1
8	台钳底座		1
7	台钳移动端面		1
6	基座螺栓		1
5	定位销		3
4	把手臂		1
3	把手臂塑料头		1
2	连接板		1
1	钳口		2

图 7－9　迷你台钳工作部分

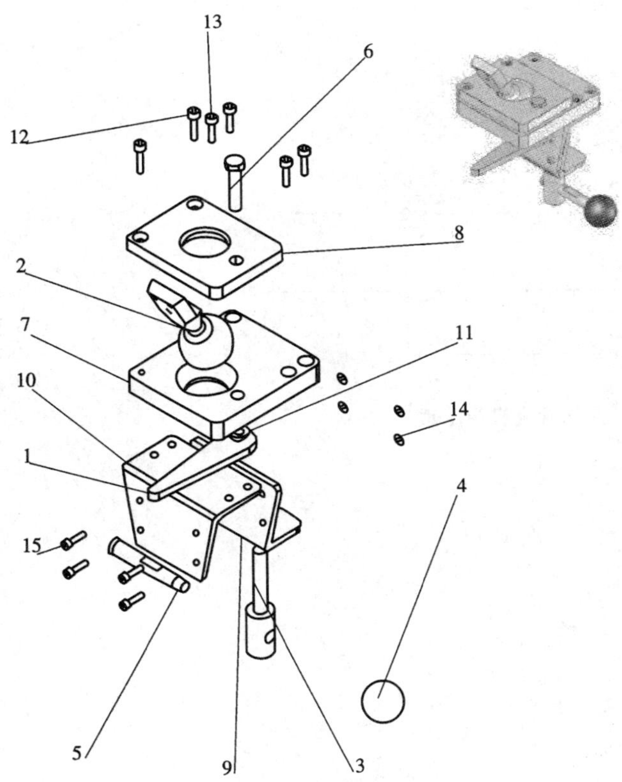

项目号	零件号	说明	数量
15	M4×16		4
14	M4螺母		4
13	M5×16		4
12	M5×20		2
11	ϕ8垫片		1
10	卡具上片		1
9	卡具下片		1
8	基座上片		1
7	基座下片		1
6	基座螺栓		1
5	把手臂		1
4	把手臂塑料头		1
3	把手螺栓		1
2	球面轴		1
1	装卡把手		1

图 7－10　迷你台钳安装部分

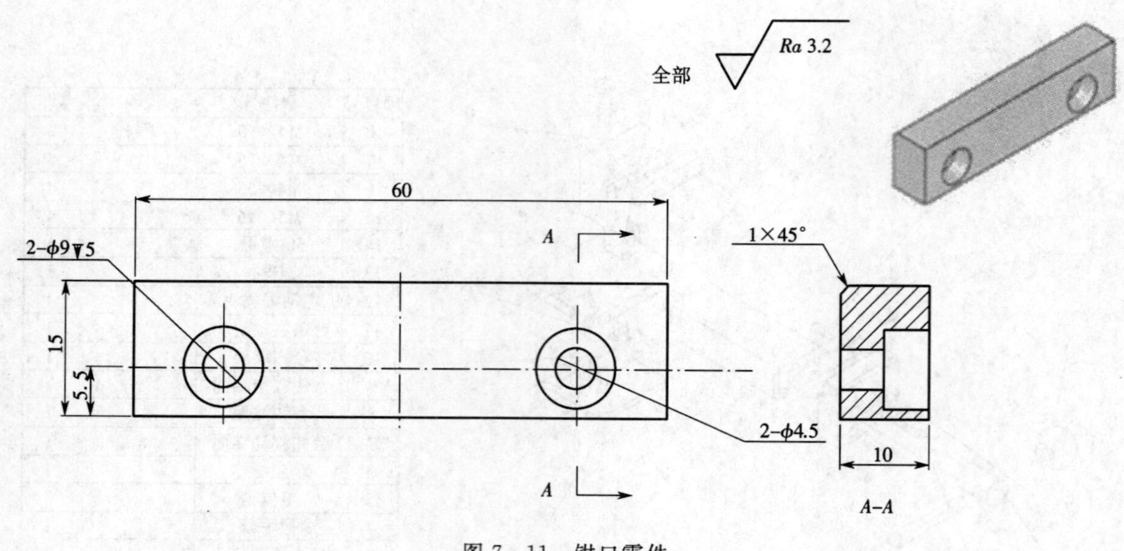

图 7-11　钳口零件

7.3.2　案例二:曲柄滑块机构拆装

曲柄滑块机构示意如图 7-12 所示。图中 l_1 为曲柄,l_2 为连杆,C 为滑块。机构装配效果如图 7-13 所示。曲柄滑块机构组件列于表 7-1 中。

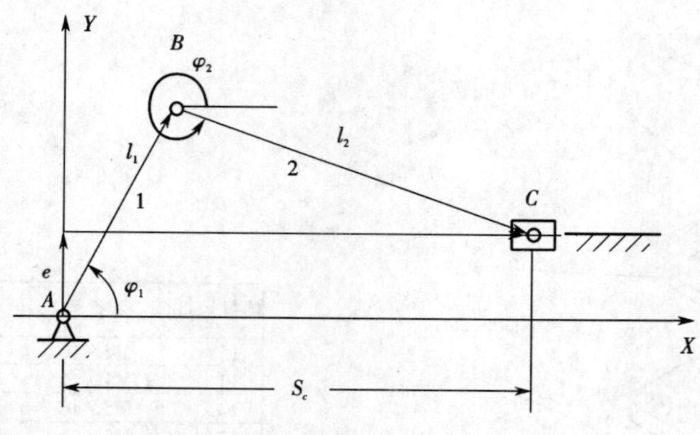

图 7-12　曲柄滑块机构示意

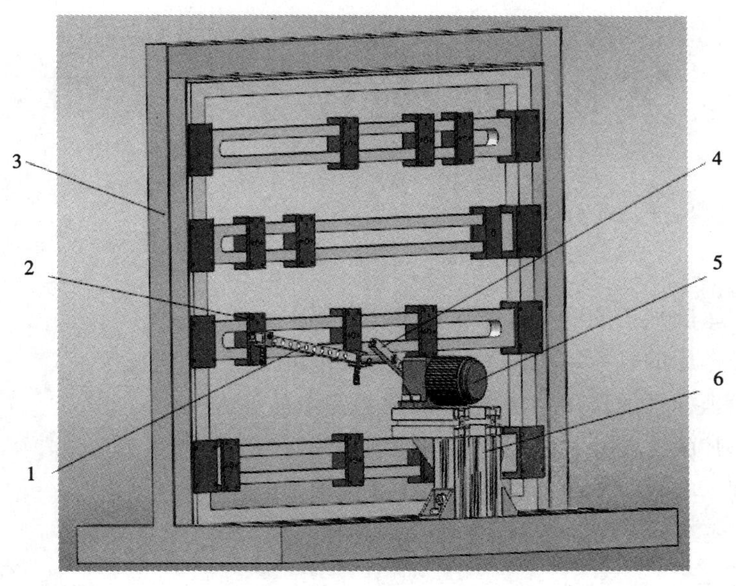

图 7-13　曲柄滑块机构装配效果

1—连杆　2—滑块　3—机架　4—曲柄　5—电机　6—支架

表 7-1　曲柄滑块机构组件

组件名称	简图	在机构中的作用
电机	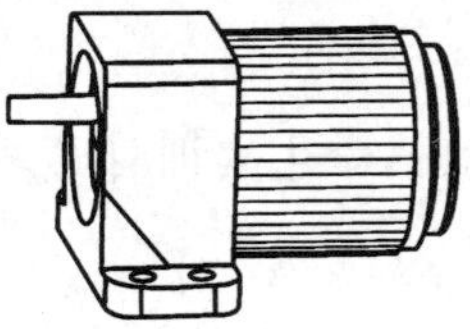	提供动力
曲柄		传递运动和动力
连杆		传递运动和动力
滑块	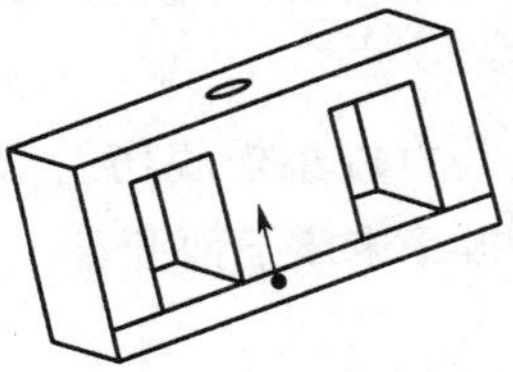	执行
支架	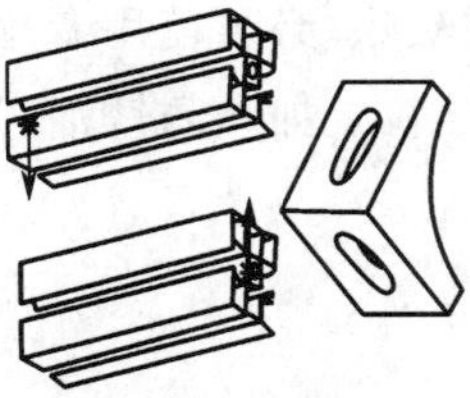	支承和固定

第 8 章　数控车削实训

学习重点

- 了解数控车削加工的安全操作守则及实训要求。
- 了解数控车床的机械结构、工作原理、加工范围及特点。
- 理解编程坐标系的作用及建立原则，掌握简单的编程指令。
- 理解“对刀”的含义并掌握数控车削加工中的对刀方法。
- 通过案例了解数控车削加工精度和工艺过程。

8.1　实训安全

数控车床在机械结构上与普通车床一样，因此其工作原理也与普通车床基本一致，都是用来加工旋转体零件。区别仅在于数控车床多了数控系统，其加工过程可以通过数控程序自动完成。数控车床主要用于加工精度要求高，表面结构参数值较小，零件形状复杂的轴套类、盘类等回转表面的加工；还可以进行钻孔、扩孔、镗孔以及切槽加工。此外，可以在内外圆柱面上、内外圆锥面上加工各种螺距的螺纹。

根据车削的加工特点，从安全文明实训的角度考虑，学生实训时必须严格遵守以下事项。

一、数控车削安全操作守则

①操作人员应穿工作服，长发应塞入帽内，袖口应扣紧，不允许戴围巾、手套等。

②编写好数控程序后，必须认真检查程序的准确性；如果采用手动输入方式，完成输入后必须认真检查输入的正确性。

③不允许在床面上放置物件，不允许在卡盘上、导轨上敲击或校直工件。

④开车前，认真检查车床各部位有无异常，以防开车时突然撞击而损坏车床。启动后，应低速运行几分钟，使各部位润滑正常。

⑤加工前，工件和刀具应装夹可靠，既要防止夹紧力过小松脱伤人，又要防止夹紧力过大损坏机件。装夹工件后，卡盘扳手应随手拿下，严禁扳手未拿下而开车。

⑥准备启动程序前，先把车床防护门关闭。

⑦如果需要清除切屑，严禁用手直接清除或用嘴吹除，必须使用专用的铁钩和毛刷。

⑧工作结束后应关闭电源，将车床擦拭干净，在导轨上加注防锈油，清理所用的全部工具、量具、刀具、夹具等，并整齐有序地放入工具柜中。

⑨清扫场地，结束操作。

二、数控车削文明实习要求

①开车前应检查车床各部分机构及防护设备是否完好，各手柄是否灵活，位置是否正确。

②主轴变速时必须先停车，变换进给手柄要在低速进行。

③刀具、量具及工具等放置要稳妥、整齐、合理，便于取用。

④工具箱内应分类摆放物件。

⑤正确使用并爱护量具。

⑥车刀磨损后应及时进行刃磨。

⑦批量生产的零件，首件应送检。

⑧毛坯、半成品和成品应分开放置。

⑨图纸、工艺卡应放置在便于阅读的位置。

⑩使用切削液前应在床身导轨上涂润滑油，若车铸铁件时应抹干润滑油。

⑪工作场地周围应保持清洁、整齐，防止摔跤。

⑫工作完毕后，应将所用过的物件擦净归位。

8.2 基本知识点

8.2.1 知识点一：数控车床结构

如图 8-1 所示，数控车床主要由机械系统和数控系统两部分组成。机械系统部分与普通车床结构基本一样，数控系统主要包括程序载体、输入输出装置、数控装置和伺服系统。

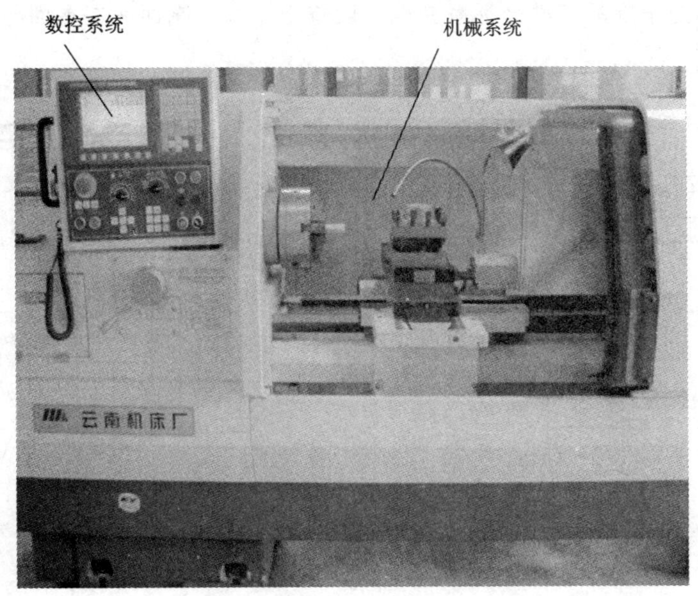

图 8-1 数控车床结构

1. 数控车床的坐标系

数控车床的坐标系如图 8-2 所示，其中图(a)为刀架前置的数控车床的坐标系，图(b)为刀架后置的数控车床的坐标系。

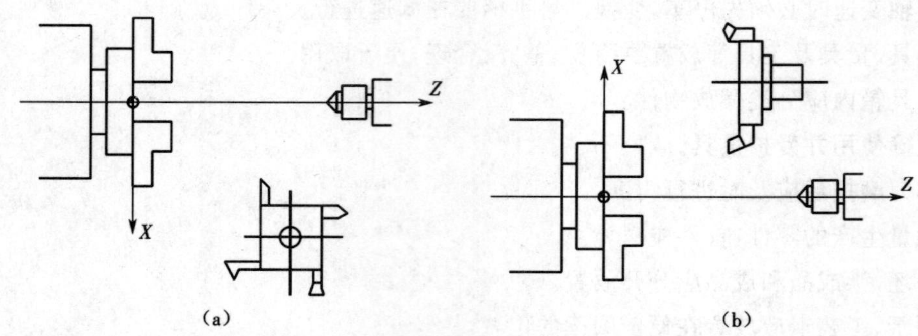

图 8-2　数控车床的坐标系

(a)刀架前置的数控车床的坐标系　(b)刀架后置的数控车床的坐标

数控车床的坐标系：主轴方向为 Z 轴方向，且刀具远离工件为正（远离卡盘的方向）；垂直主轴方向的方向为 X 轴的方向，且刀具远离工件为正（刀架前置 X 轴的方向朝前，刀架后置 X 轴的方向朝后）；数控机床坐标系原点也称机械原点，是一个固定点，其位置由制造厂家来确定。数控车床坐标系原点一般位于卡盘端面与主轴轴线的交点上（个别数控车床坐标系原点位于正的极限点上）。

2. 工件坐标系

工件坐标系是编程人员根据零件图形状特点和尺寸标注的情况，为了方便计算出编程的坐标值而建立的坐标系。工件坐标系的坐标轴方向必须与机床坐标系的坐标轴方向彼此平行，方向一致。数控车削的工件坐标系原点一般位于零件右端面或左端面与轴线的交点上，如图 8-3 所示。

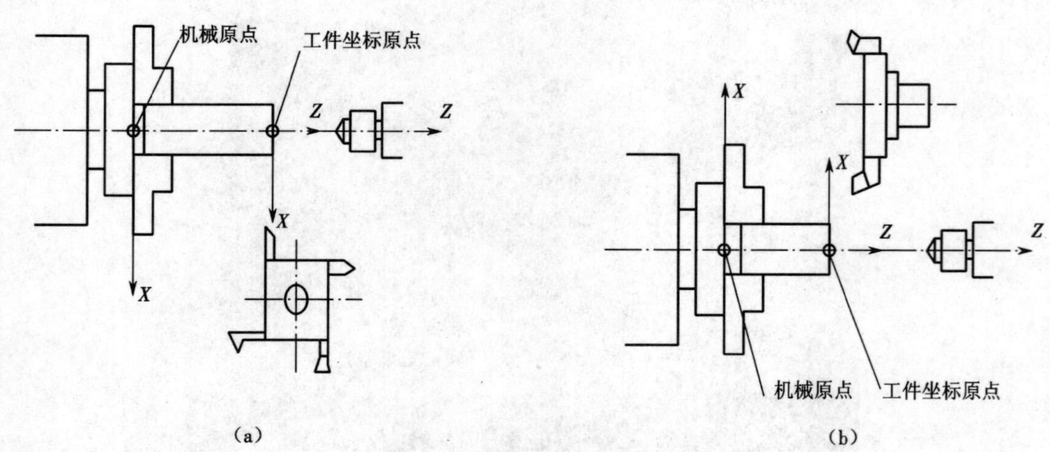

图 8-3　工件坐标系

(a)刀架前置的工件坐标系　(b)刀架后置的工件坐标系

3. 机床参考点

机床参考点是由机床限位行程开关和基准脉冲来确定的，它与机床坐标系原点有着准确的位置关系。数控车床的参考点一般位于行程的正的极限点上，如图 8-4 所示。通常机床通过返回参考点的操作来找到机械原点。所以，开机后，加工前首先要进行返回参考点的操作。

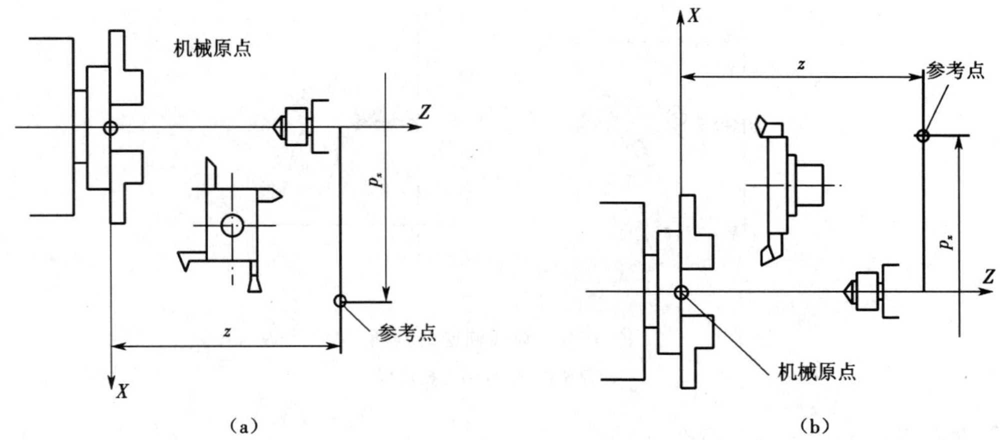

图 8-4 机床参考点

(a)刀架前置的机床参考点 (b)刀架后置的机床参考点

8.2.2 知识点二:数控车削编程

1. 数控车床的编程特点

①既可以采用直径编程也可以采用半径编程,其结果由车床数控系统的内部参数或 G 指令决定。所谓直径编程,就是 *X* 坐标采用直径值编程;半径编程,就是 *X* 坐标采用半径值编程。一般常用直径值编程。这是因为回转体零件图纸的径向尺寸标注和加工时的测量都是直径值,便于编程计算。

②FANUC 数控系统的数控车床是用地址符来指令坐标输入形式的,既可以采用绝对坐标编程也可以采用增量坐标编程,还可以采用混合编程。*X*、*Z* 表示绝对坐标,*U*、*W* 表示增量坐标,*X*(*U*)、*W*(*Z*)表示混合坐标。有些数控系统(如华中数控系统)的数控车床是用 G 代码来指令坐标输入形式的(G90:绝对坐标,G91:增量坐标),在同一程序段内不能采用混合坐标编程。

③具有固定循环的加工功能。由于车削的毛坯多为棒料、锻件或铸件,加工余量较大,需要多次走刀加工,而固定循环加工功能可以自动完成多次走刀,因而使程序得到了大大的简化。但不同的数控系统固定循环加工功能的指令及格式可能不同。FANUC 数控系统的数控车床固定循环加工功能的指令为 G70、G71、G72、G73 等。

④圆弧顺逆的判断。圆弧的顺逆应从垂直于圆弧所在平面的那个坐标轴正向往负向观察判断。顺时针走向的圆弧为顺圆弧,逆时针走向的圆弧为逆圆弧。所以,数控车床的刀架前置和后置的圆弧插补指令如图 8-5 所示。

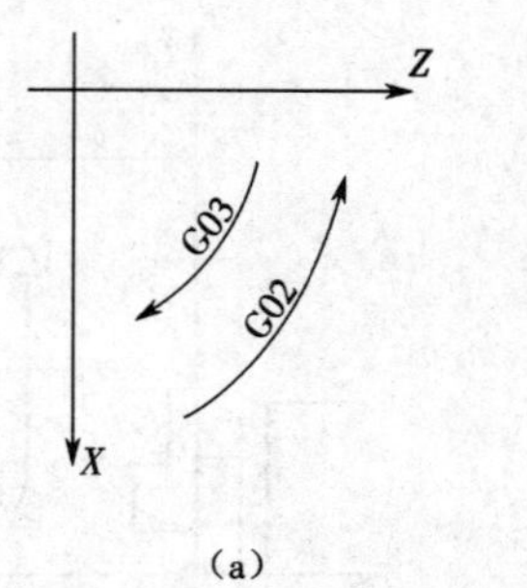

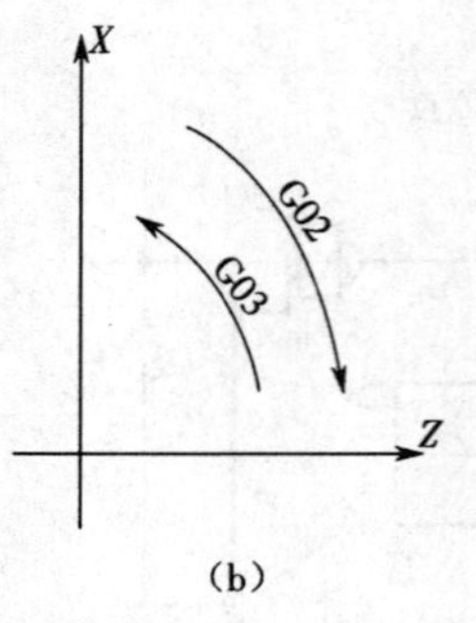

图 8-5 圆弧顺逆的判断

(a)刀架前置 (b)刀架后置

2.数控车削的常用编程指令

G00 X_Z_;	快速点定位指令
G01 X_Z_F_;	直线插补指令
G02 X_Z_R_F_;	顺时针圆弧插补指令
G03 X_Z_R_F_;	逆时针圆弧插补指令
M03 S_;	主轴正转指令
M30;	程序结束指令
T xxxx;	换刀及调用刀具补偿

利用复合固定循环指令，只需要对零件的轮廓定义后，即可完成从粗加工到精加工的全过程，不但使编程得到简化，而且加工时空行程少，加工生产率可以提高。

(1)内、外圆粗切削循环指令 G71

内、外圆粗切削循环指令适用于内、外圆柱面需要多次走刀才能完成的轴套类零件的粗加工，如图 8-6 所示，毛坯为圆柱棒料。

指令格式为

G71 U(Δd) R(e);

G71 P(ns) Q(nf) U(u) W(Δw) F(f) S(s) T(t);

其中，Δd 表示背吃刀量(每次进给量)；

e 表示每次退刀量，也可以用参数设定；

ns 表示精加工程序段的开始程序段号；

nf 表示精加工程序段的结束程序段号；

u 表示 *X* 轴方向的精加工余量；

Δw 表示 *Z* 轴方向的精加工余量；

f、s、t 表示 F、S、T 代码所赋的值。

说明：

①当上述指令用于工件内轮廓加工时，就自动成为内径粗车削循环指令，此时 u 应为负值。

②在使用 G71 进行粗加工时，只有含在 G71 程序段中的 F、S、T 功能才有效，而包含在 ns

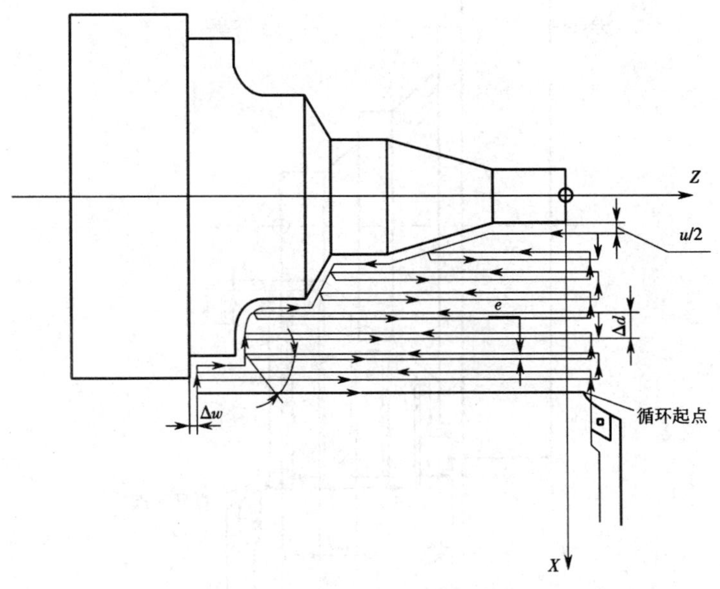

图 8-6　外圆粗切削循环指令示意

～nf 程序段中的 F、S、T 功能即使被指定，对粗车循环也无效。可以进行刀具补偿。

③该指令适用于随 Z 坐标的单调增加或减小而 X 坐标单调变化的情况。

(2)端面粗切削循环指令 G72

端面粗切削循环指令适用于径向尺寸较大而轴向尺寸较小的盘类零件的粗加工，如图 8-7 所示，毛坯为圆柱棒料。

编程格式为：

G72　U(Δd)　R(e)；

G72　P(ns)　Q(nf)　U(u)　W(Δw)　F(f)　S(s)　T(t)；

其参数含义与 G71 相同。

(3)仿形粗切削循环指令 G73

所谓仿形粗切削循环就是按照一定的切削形状逐渐地接近最终形状，如图 8-8 所示。由此可见，G71 能够完成的加工 G73 都能够完成，并且这种方式对于铸造或锻造毛坯的切削是一种效率很高的方法。

G73 的编程格式为：

G73　U(Δi)　W(Δk)　R(Δd)；

G73　P(ns)　Q(nf)　U(Δu)　W(Δw)　F(f)　S(s)　T(t)；

其中：ns 表示精加工程序段的开始程序段号；

nf 表示精加工程序段的结束程序段号；

Δu 表示径向(X 轴方向)进给精加工留的余量；

Δw 表示轴向(Z 轴方向)进给精加工留的余量；

Δd 表示粗车循环次数；

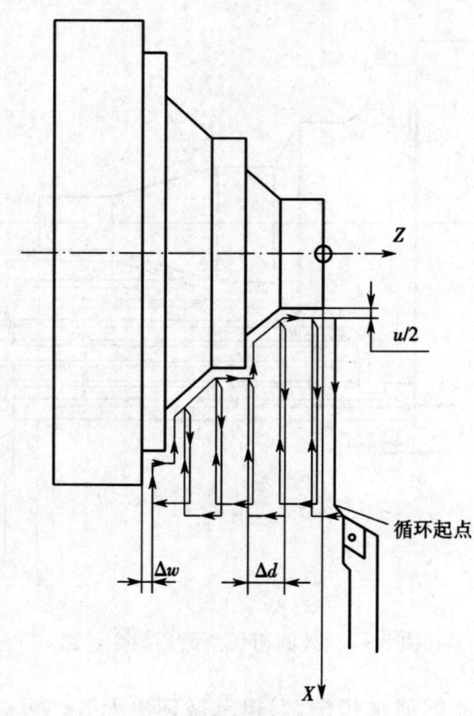

图 8-7 端面粗切削循环指令示意

Δi 粗车时，径向（X 方向）需要切除的总余量；

Δk 粗车时，轴向（Z 方向）需要切除的总余量；

F 表示粗加工时的进给速度；

S 表示粗加工时的主轴转速；

T 表示粗加工时使用的刀具号。

(4)精车复合固定循环指令 G70

G70 的编程格式为：

G70 P(ns) Q(nf)

其中：ns 表示精加工程序段的开始程序段号；

nf 表示精加工程序段的结束程序段号；

说明：

①G70 指令不能单独使用，只能配合 G71、G72、G73 指令使用，以完成精加工固定循环，即：当用 G71、G72、G73 指令粗车工件后，用 G70 指令指定精车固定循环，切除粗加工留下的余量。

②在这里 G71、G72、G73 程序段中的 F、S、T 指令都无效，只有在 ns～nf 程序段中的 F、S、T 才有效。当 ns～nf 程序段中不含指令 F、S、T 时，粗车循环中的 F、S、T 才有效。

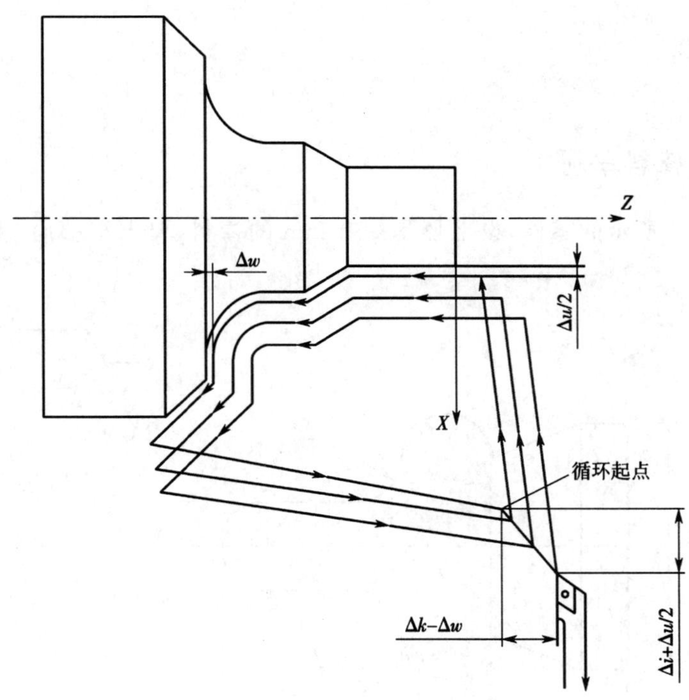

图 8-8　仿形粗切削循环指令示意

8.2.3　知识点三:数控车削实训中的重要操作——对刀

对刀的目的是将编程时的工件坐标系和加工时的加工坐标系统一起来,即让机床知道编程坐标系的原点在机床坐标系的位置。

在数控车削中,通常采用试切法对刀。如图 8-9 所示,换外圆切刀,使用手摇轮缓慢移动刀具切削毛坯右端面,按"OFF/SET"键到"刀偏"界面中相应刀具的"形状"Z 值上输入 Z0,按"测量"键进行设置,*Z* 坐标对刀完成;使用手摇轮缓慢移动刀具切削毛坯外圆,沿 *Z* 轴移出刀具,使用游标卡尺测量切削处的直径值 *d*,按"OFF/SET"键,在"刀偏"界面中相应刀具的"形状"X 值上输入 Xd,按"测量"键进行设置,*X* 坐标对刀完成。

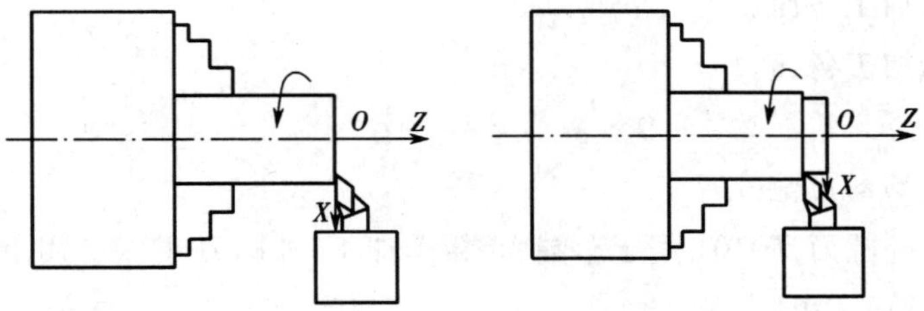

图 8-9　数控车削对刀过程

(a)*Z* 轴对刀　(b)*X* 轴对刀

8.3　实训案例

8.3.1　案例一:棒料车削

加工如图 8-10 所示的零件,设毛坯是 ϕ30 mm 的棒料,要求车端面、粗车外圆、精车外圆、切断。

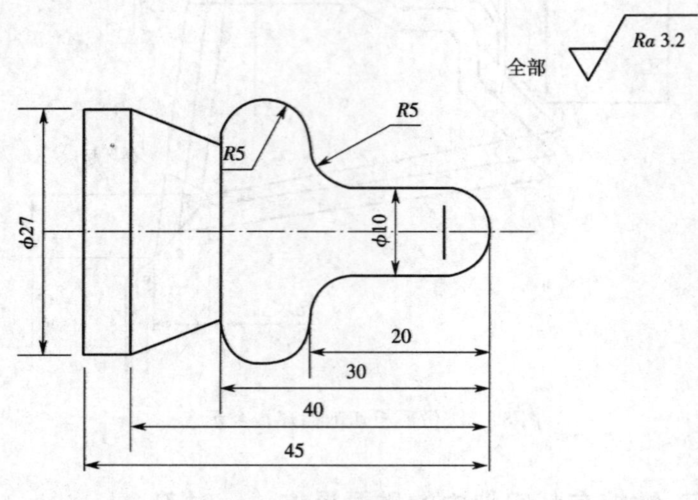

图 8-10　数控车零件

1. 工艺分析

①先车右端面,并以右端面的中心为原点建立工件坐标系(即编程坐标系),因为该点为工件的设计基准。

②该零件可采用 G73 指令进行仿形粗切削循环,然后用 G70 指令进行精车,最后切断。注意退刀时,先退 X 方向后退 Y 方向,以免刀具撞上工件。

2. 确定工艺方案

①车端面。

②从右至左粗加工各面。

③从右至左精加工各面。

④切断。

3. 选择刀具及切削用量

①选择刀具。外圆刀 T0101 用于车端面、粗车加工;外圆刀 T0202 用于精车加工;切断刀 T0303 的宽度为 4 mm,用于切断。

②确定切削用量。切削用量包括切削速度、进给量及背吃刀量,根据各工序的不同,要求选择合适的切削用量,具体取值见程序内容。

4. 编写数控程序

程　序	注　释
O0001	
T0101；	
S500 ；	主轴正转
G00 X35. Z0. ；	工序 1 车端面
G96 S120；	切换工件转速，线速度 120 m/min
G01 X0. F0.15；	
G97 S500；	切换工件转速，转速为 500 r/min
G73 U13.5 W0 R4；	工序 2 仿形切削循环
G73 P1 Q2 U0.3 W0.3 F0.2；	
N1 G01 X0 Z0；	
G03 X10 Z−5 R5；	
G01 Z−15；	
G02 X20 Z−20 R5；	
G03 X20 Z−30 R5；	
G01 X27 Z−40；	
Z−45；	
N2 G00 X50；	
Z200；	
M03 S800 T0202；	
G00 X35. Z2. ；	
；	工序 3 精车外圆
G00 X150. ；	
Z150. ；	
M03 S300 T0303；	切断
G00 X35. Z−50. ；	
G01 X0. F0.05；	
G00 X150. ；	
Z150. ；	
M05；	
M30；	程序结束

8.3.2　案例二：小轴零件编程

用复合循环车削方法编制如图 8－11 所示零件的加工程序。要求循环起始点在(40,2)，切屑深度为 1.5 mm，退刀量为 0.5 mm，X 方向精加工余量为 0.5 mm，Z 方向精加工余量为 0.03 mm。粗车和精车时的进给速度分别为 200 mm/min 和 100 mm/min。

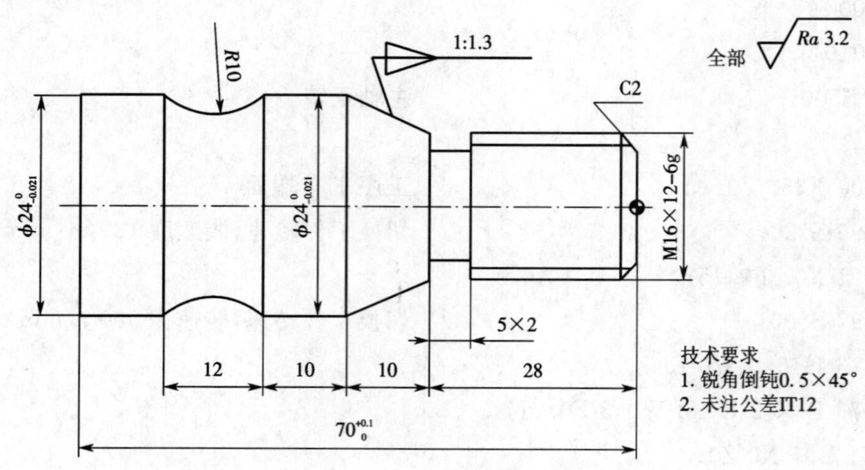

图 8-11 小轴零件

对零件进行工艺分析后，编制加工程序如表 8-1 所列。

表 8-1 小轴零件加工程序

程序代码	说明
	加工外轮廓：
N10 G92 X100 Z100	设定工件坐标(换刀点)
N20 T0101	换一号刀(外圆刀)
N30 M03	主轴正转
N40 G90 G00 X40 Z2	绝对编程，刀具快移到循环起点位置
N50 G71 U1.5 R0.5 P60 Q130 X0.5 Z0.03 F200	外径粗车复合循环：从第 N60 段开始到 N120 结束
N55 G00 X100 Z100	退刀
N57 M03 T0101	选择精车转速、刀具
N59 G00 X40 Z2	快速定位至工件附近
N60 G01 X8 Z2 F100	精加工起点，精加工进给速度 100 mm/min
N70 G01 X16 Z−2	精加工 2×45°倒角
N80 G01 X16 Z−28	精加工 ϕ16 mm 外圆到 Z−28 位置
N90 G01 X24 Z−38	精加工外圆锥到(24，−38)位置
N100 G01 X24 Z−48	精加工 ϕ24 mm 外圆到 Z−48 位置
N110 G02 X24 Z−60 R10	精加工 R10 mm 圆弧到 Z−60 位置
N120 G01 X24 Z−70	精加工 ϕ24 mm 外圆到 Z−70 位置
N130 G01 X40	退出已加工面，精加工轮廓结束
N140 G00 X100 Z100	回换刀点
N150 T0100	取消一号刀补
	加工槽：
N200 T0202	换二号刀并确定其坐标系(切断刀)
N210 G00X40Z−28	快速移动到(40，−28)
N220 G01X12Z−28F50	切槽加工 ϕ12 mm 外圆，进给速度 50 mm/min

续表

程序代码	说明
N230 G01X40Z－28F200	退出已加工面，切槽结束，进给速度 200 mm/min
N240 G00X100Z100	回换刀点
N250 T0200	取消二号刀补
	加工螺纹：
N300 T0303	换三号刀并确定其坐标系(螺纹刀)
N310 G00X18Z2	快速移动到(18,2)循环点
N320 G82X15Z－26F2	加工螺纹至(15,－26)螺距 2
N330 G82X14Z－26F2	加工螺纹至(14,－26)螺距 2
N340 G82X13.5Z－26F2	加工螺纹至(13.5,－26)螺距 2
N350 G82X13.4Z－26F2	加工螺纹至(13.4,－26)螺距 2
N360 G00X100Z100	回换刀点
N370 T0300	取消三号刀补
	切断：
N400 T0202	换二号刀并确定其坐标系(切断刀)
N410 G00X40Z－75	快速定位到(35,－75),加 5 mm 刀宽
N420 G01X0Z－75F50	切断(0,－75),进给速度 50 mm/min
N430 G01X40Z－75F500	退刀至安全位置
N440 G00X100Z100	快速回换刀点
N450 T0200	取消二号刀补
N460 M05	主轴停止
N470 M02	程序结束运行

8.3.3 案例三：仿形车削

要求学生自己设计作品，如图 8－12 所示。主要练习 G73 仿形车削循环指令。

①学生根据图纸分析其加工工艺，并写出程序。

②学生的程序经老师检查后输入机床。

③在老师的指导下完成工件的装夹、对刀等操作，加工出此零件。并根据图纸要求，对已加工零件的形状及尺寸进行检测，掌握调整刀偏值的方法以及测量工具的使用方法。

1×45°
R1.3
φ26
φ21.8
φ19.8
φ11.3
φ16
R15
R22.4
R1
2
16.4
4
22.4
23.6
4
15.5
26.2
46
图 8-12　学生作品

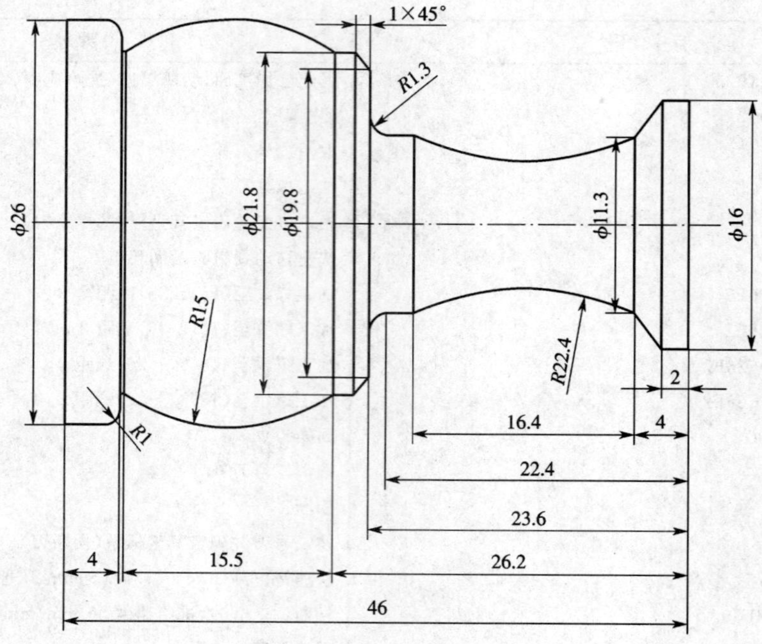

第 9 章　数控铣削实训

学习重点

- 了解数控铣削加工的安全操作守则及实训要求。
- 了解数控铣床的机械结构、工作原理、加工范围及特点。
- 掌握 FANUC 系统的基本编程指令并进行编程。
- 通过案例了解数控铣削加工精度和工艺过程。

9.1　实训安全

数控铣床一般具有多坐标联动功能，是一种加工复杂形面能力很强的数控机床。目前应用广泛的加工中心、柔性制造单元等设备都是在数控铣床的基础上发展的。数控铣床按照其结构布局及功能特点分为立式数控铣床和卧式数控铣床。数控铣削主要用于加工精度高、表面结构参数值较小的平面或成形面类零件。还可以钻孔、扩孔、镗孔以及切槽加工。

根据数控铣削的加工特点，从安全文明实训的角度考虑，学生在参加实训时必须严格遵守以下事项。

1. 数控铣削安全操作守则

①实习时要穿便于工作的衣服，不得穿拖鞋进入车间，禁止戴手套操作，若是长发要戴帽子。

②所有实验步骤必须在实习指导老师的指导下进行，未经指导老师同意，不准开动机床。

③严禁在车间内嬉戏、打闹。机床开动期间严禁离开工作岗位，从事与操作无关的事情。

④未经实习指导老师确认程序正确，不许触摸操作箱上已设置好的“机床锁住”状态键。

⑤拧紧工件，保证工件牢牢固定在工作台上。

⑥启动机床前应检查是否已将扳手、楔子等工具从机床上拿开。

⑦正确选择刀具的加工速度。

⑧机床运转中绝对禁止变速。变速或换刀时，必须保证机床完全停止，开关处于“OFF”位置，以防发生事故。

⑨机床运转中不要用手或其他方式触摸主轴和工件。操作机床时不要打开防护门。

⑩芯轴插入主轴前，芯轴表面及主轴孔内必须彻底擦拭干净，不得有油污。

⑪ 清除切削要用刷子，不能用棉纱或嘴吹。

⑫保持地面清洁，以免滑倒摔伤。

⑬实习结束，切断机床电源，擦拭好机床设备并认真做好环境卫生。

2.数控铣削文明实习要求

①开车前检查车床各部分机构及防护设备是否完好,各手柄是否灵活,位置是否正确。

②主轴变速必须先停车,变换进给手柄要在低速进行。

③刀具、量具及工具等放置要稳妥、整齐、合理,便于取用。

④工具箱内应分类摆放物件。

⑤正确使用和爱护量具。

⑥不允许在卡盘或床身导轨上敲击或校直工件。

⑦刀具磨损后应及时刃磨。

⑧批量生产的零件,首件应送检。

⑨毛坯、半成品和成品应分开放置。

⑩图纸、工艺卡应放置在便于阅读的位置。

⑪使用切削液前,应在床身导轨上涂润滑油,若加工铸铁时应抹干润滑油。

⑫工作场地周围应保持清洁、整齐,防止摔倒。

⑬工作完毕后,将所用过的物件擦净归位。

9.2 基本知识点

9.2.1 知识点一:数控铣床结构

如图 9-1 所示,数控铣床主要由机械系统和数控系统两部分组成。机械系统部分与普通立式铣床结构基本一样,数控系统主要包括程序载体、输入输出装置、数控装置和伺服系统。

机床组成如图 9-2 所示。

一般数控铣床是指规格较小的立式升降台数控铣床,其工作台宽度在 400 mm 以下。下面结合 XK714D 型数控铣床(图 9-3)进行相关介绍。XK714D 型数控铣床是一种典型的半闭环控制、三坐标联动立式数控铣床,配置 FANUC O*i* Mate-C 数控系统。机床主要由床身、立柱、主轴箱、工作台、传动系统,以及电柜、冷却、润滑、操作等辅助装置组成。该机床具有良好的刚性,主轴的变速范围较广,低转速扭矩较大,可进行强力高速切削;各轴的伺服电机经弹性联轴器直接驱动滚珠丝杠实现无间隙传动;各运动副均有润滑装置,以保证各部件的润滑。在机床上,工件一次装夹后可对加工面完成铣、镗、钻、扩、铰、攻丝等加工,特别适宜箱体、模具、不规则零件的复杂形面加工。

数控铣床的操作主要通过操作面板来进行,一般数控铣床的操作面板由显示屏、数控系统操作部分和机床操作面板三部分组成。

1)显示屏　用来显示相关坐标位置、程序、图形、参数和报警等信息。

2)数控系统操作部分　由功能键、字母键和数值键等组成,可以进行程序、机床指令以及参数等的输入和编辑。

3)机床操作面板　可以在操作面板上进行机床的运动控制、进给速度调整、加工模式选择、程序调试、起停控制以及 M、S、T 功能等。

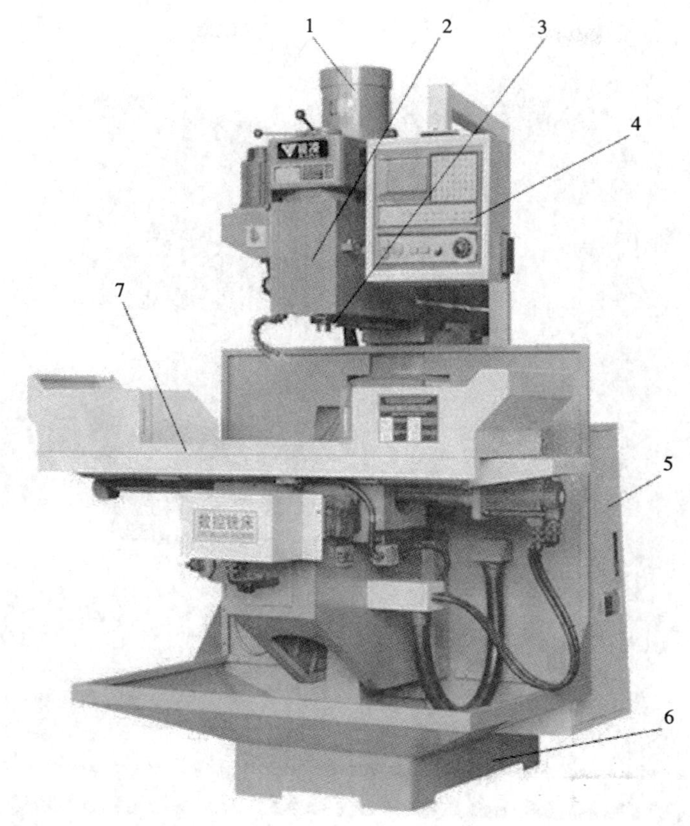

图 9-1 数控铣床结构

1—立柱 2—主轴箱 3—主轴 4—控制面板 5—电气柜 6—床身 7—工作台

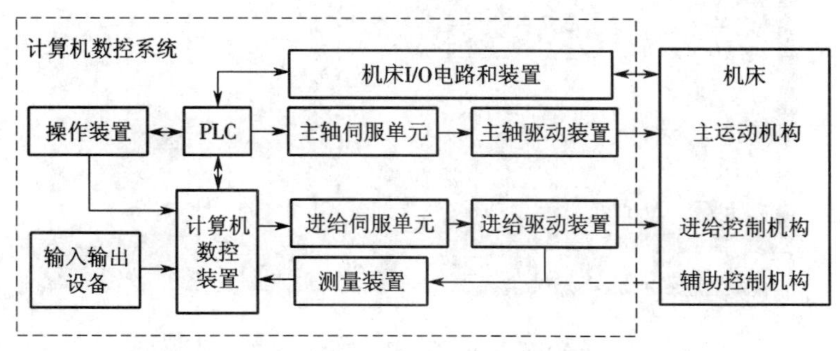

图 9-2 机床组成

图 9-4 为 XK714D 型数控铣床所配置的 FANUC O*i* Mate-C 控制系统操作面板。该系统的常用操作见表 9-1,表 9-2 为 XK714D 数控铣床操作面板常用按钮的功能。

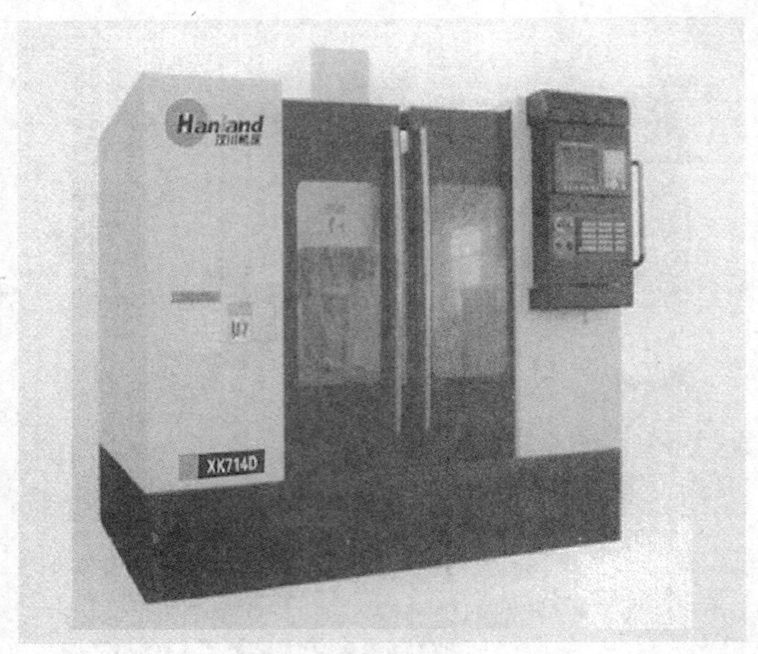

图 9-3　XK714D 型数控铣床

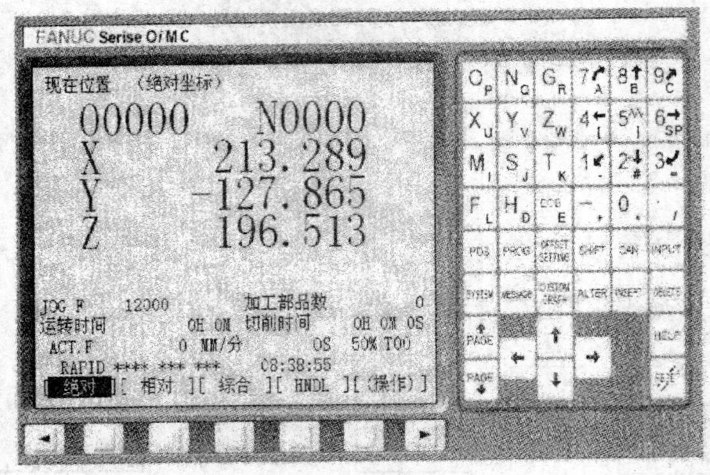

图 9-4　FANUC O*i* Mate-C 控制系统的操作面板

表 9-1　数控系统常用操作

内容		操作方法
编辑程序	查找程序	编辑方式/PROG/键入程序号/按 0 检索
	新建程序	编辑方式/PROG/键入程序号/按 insert
	删除程序	编辑方式/PROG/键入程序号/按 delete
	查找字	编辑方式/PROG/移动光标
	输入字	编辑方式/PROG/移动光标到输入位置前一个字/键入字/按 insert
	删除字	编辑方式/PROG/移光标到该字下/按 delete
	删除行	编辑方式/PROG/移光标到该行首/按 delete
MDI 运行		MDI 方式/PROG/键入程序段/按循环启动
回零		回零方式/按 $+Z(+X,+Y)$/回零指示灯亮
设置参数		MDI 方式/Offset Setting/选择参数类别/移光标到参数下/键入数值/input
手动运行		手动方式/按 $\pm X$、$\pm Y$、$\pm Z$
手轮运行		手轮方式/选择 X、Y、Z 方向/选择每格移动量/转动手轮
自动运行		自动方式/PROG/移光标到程序起点/按循环启动

表 9-2　操作面板常用按钮的功能

按键图标	键(钮)名称	用途
	回参考点方式键	机床被启动后，需要将各轴回参考点；按下该键后，分别按 $+Z$、$+X$、$+Y$ 键，各轴即回到机床参考点
	自动方式键	运行程序前，先按此键再按“循环启动”键，方可自动运行程序
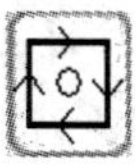	循环启动键	预先将程序存入寄存器中，选择运行的程序，将工作方式选择为“自动方式”，按下该键后，程序开始自动运行；要想运行 MDI 中的程序，只需按此键即可
	单段方式键	运行程序时，按下此键，仅执行当前的一个程序段，再按“循环启动”键，执行下一个程序段
	跳步开关	自动运行时，跳过行首有“/”的程序段
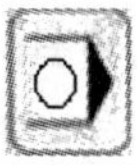	程序停止键	运行程序时，按下此键，程序立即停止运行，相当于程序中的 M00
	空运行	系统以设定的快速进给执行程序，用于快速校验程序
	机床锁定	锁住所有机械进给，用于模拟运行
	选择停止键	按下此键，程序运行到 M01 指令时，机床各运动和程序暂停，再按“循环启动”键，程序继续执行

续表

按键图标	键(钮)名称	用途
	编辑方式键	手动输入或上传程序时,都必须在此工作方式下方可进行
	MDI 方式键 (手动数据输入)	在此方式下可输入一个简单的程序,按"循环启动"键后程序执行,执行后该程序自动消失
READY	系统启动	每次弹起急停按钮,都要按此键,系统才能执行其他操作
	急停按钮	按下此键,使机床紧急停止,断开机床主电源
	主轴倍率修调旋钮	在手动、手轮及程序执行状态时,调整主轴转速的倍率
	进给修调旋钮	在手动及程序执行状态时,调整进给速度的倍率,主要是控制 G01、G02、G03 等插补运动的速度
	主轴状态键	分别为主轴正转、停止、反转

9.2.2 知识点二:数控铣削加工工艺

1. 数控铣削加工工艺主要内容

1)分析图纸　选择需要用数控铣床加工的工件,分析图纸,明确技术要求,确定加工内容。

2)确定加工方案　确定工件装卡方法,选择夹具和刀具,确定加工路线及对刀点和换刀点。

3)确定加工工序　详细划分工步,确定切削参数,尽量一次装卡完成全部加工。

4)尺寸处理　处理图纸尺寸,手工编程时要计算所需的基点坐标值。

5)编写加工程序　编写、校验和调试程序,加工样件,修改程序,直至加工出合格样件。

一般非高速切削的数控铣床加工工件的装卡定位、选择刀具、确定切削用量的方法和原则都可参考普通铣床相应的操作方法。

2. 确定数控铣削加工路线

确定铣削过程中铣刀的进给路线是编写加工程序至关重要的一步。首先要保证质量,保证工件的形状、尺寸精度和表面结构要求;其次要提高加工效率,使走刀路线最短;还要注意减少编程中的数值计算量,以减少编程工作量和出错概率。为此在具体编写程序的过程中,经常采用以下方法。

1)图纸尺寸的处理　将工件图纸标注尺寸改为公差带中值尺寸进行编程;计算平面图形中的基点坐标尺寸;对有多圆弧相交相切的基点计算,要校核最后一个圆弧的位置精度。

2)刀具刀位的处理　对刀点即起刀点应选择在便于对刀、找正和检查的位置，以方便操作；刀具在各定位尺寸移动时，要沿一个方向进给，或采用单向定位指令；刀具切入、切出工件时，尽量沿工件轮廓线的切线方向；当用球形铣刀加工曲面时，最后一刀采用环切法光整轮廓表面。

9.2.3　知识点三：数控铣削编程

数控铣削编程要符合 ISO 标准及国家标准要求的坐标系规定、程序格式、结构、程序段和字的组成，熟悉数控系统的指令应用。下面结合 FANUC O*i* Mate-C 数控系统介绍数控铣床的一些常用功能。

1. 立式数控铣床的机床坐标系

立式数控铣床的机床坐标系如图 9-5 所示。数控铣床的机床坐标系原点在 *X*、*Y*、*Z* 三个坐标轴正向行程的极限位置、主轴孔端面的中心，坐标轴的方向符合右手定则。其他的坐标系（如工件坐标系、附加工件坐标系等）都在机床坐标系中建立。为了确定机床的运动方向和移动距离，要在机床上建立一个坐标系，这个坐标系叫作机床坐标系，也叫标准坐标系。数控机床坐标系采用遵守右手定则的笛卡儿坐标系。

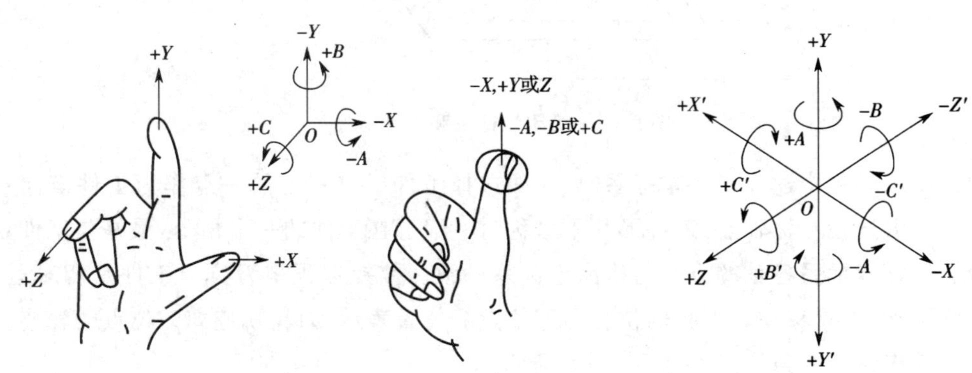

图 9-5　数控铣床坐标系

2. 机床原点、参考点及工件坐标系

(1)机床原点

机床原点（也称机床零点）是机床上设置的一个固定点，即机床坐标系的原点。机床原点是数控机床进行加工运动的基准参考点。

(2)机床参考点

机床参考点是数控机床上一个特殊位置的点，如图 9-6 所示。

对于大多数数控机床，开机第一步总是先使机床返回参考点（即所谓的机床回零）。机床坐标系一经建立后，只要机床不断电，将永远保持不变，且不能通过编程来对它进行改变。

(3)工件坐标系

针对某一工件，根据零件图样建立的坐标系称为工件坐标系（也称编程坐标系）。工件坐标系原点也称编程坐标系原点，该点是指工件装夹完成后选择工件上某一点作为编程或加工

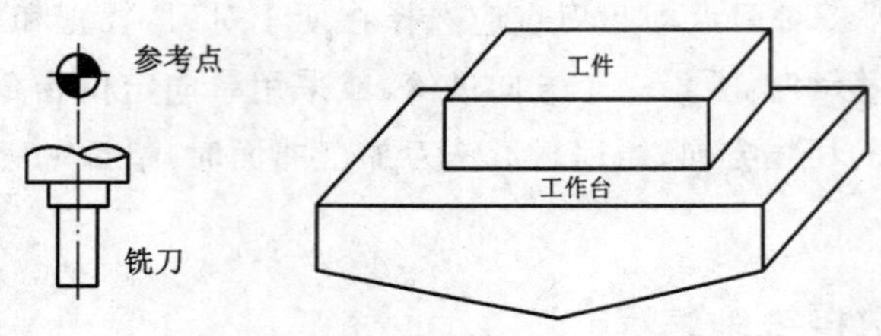

图 9-6　机床参考点

的原点。工件坐标系原点在图中以符号“⊕”表示。

当工件被安装在工作台上时，就决定了这两个坐标系之间的位置关系，如图 9-7 所示。

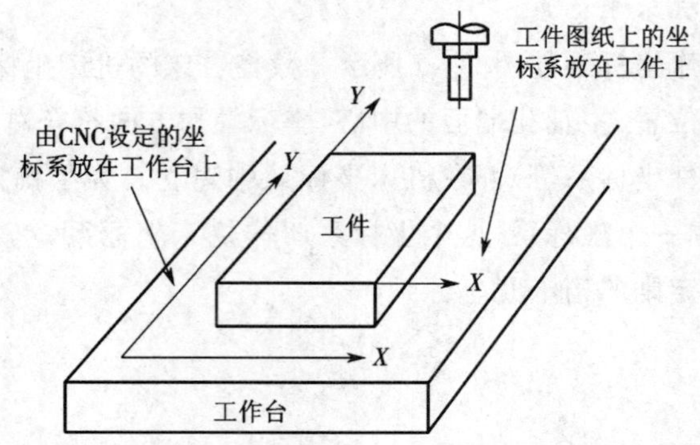

图 9-7　机床坐标系和工件坐标系

数控铣床编程中建立工件坐标系时，一般选择工件或夹具上的一点作为工件坐标系的原点。原点一般选在对称轴上；工件形状不对称时一般选在工件的一个角上，最好与工件定位基准重合。工件坐标系各轴的方向与机床坐标系一致。数控编程中刀具与工件是相对运动的，设定工件不动，刀具移动。刀具的位置用刀位点的位置表示，刀具轨迹即刀位点的轨迹。常用立式数控铣床铣刀的刀位点 O 如图 9-8 所示。

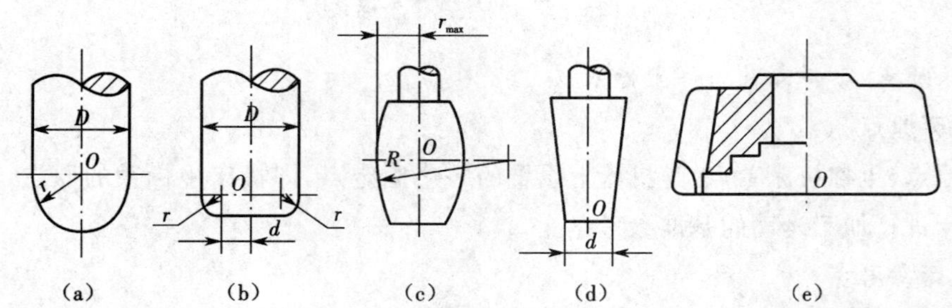

图 9-8　立式数控铣床常用刀具的刀位点

(a)球头铣刀　(b)柱铣刀　(c)鼓形铣刀　(d)锥铣刀　(e)盘铣刀

3. 插补功能

数控铣床有丰富的插补功能。常用的包括：快速定位指令 G00、直线插补指令 G01、圆弧插补指令 G02 和 G03。

在数控铣床的三维坐标系中，圆弧插补指令 G02、G03 可以应用于三个基准平面里的任何一个平面，用法相同，只是要改变相应的坐标。在 ZX 平面里判断圆弧顺时针、逆时针方向的方法是：从 Y 轴的正方向朝负方向看去，看圆弧的进给方向；对于 YZ 平面里的圆弧，判断方法类似。

4. 刀具半径补偿 C 功能

立式数控铣床上用柱铣刀、鼓形铣刀的侧面或球头铣刀加工工件时，工件的形状由刀具外圆运动的包络线形成，与刀位点轨迹之间沿法线方向相差一个刀具半径，如图 9-9 所示。由于刀具的进给用刀位点编程控制，只有按图中虚线所示轨迹编程，才能加工出图纸要求的工件形状，这给编程造成很大不便。尤其在刀具磨损、更换新刀具使刀具半径变化时，要重新计算刀具轨迹，修改程序，既繁琐，又不易保证加工精度。数控系统的刀具半径补偿功能允许用户按照工件图纸尺寸编程，即按照工件形状编程，单独给定刀具半径，系统自动计算刀位点轨迹，使其偏离工件轮廓一个半径值，加工出符合图纸的工件。

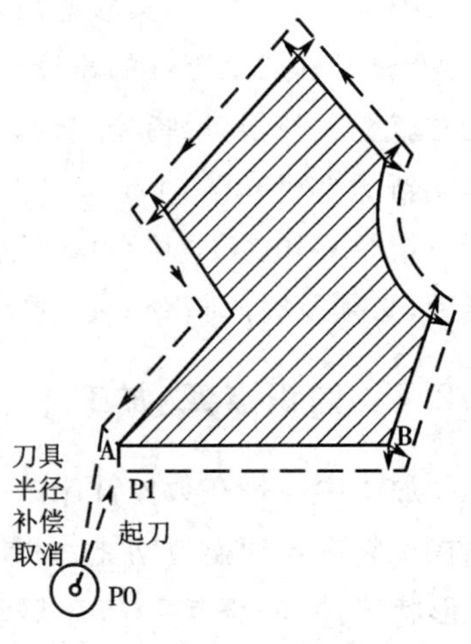

图 9-9 刀具半径补偿 C

FANUC O*i* Mate-C 数控系统采用刀具半径补偿 C 功能，由指令 G40、G41 和 G42 组成，刀具半径补偿在 G17、G18 和 G19 选择的平面内进行，下面是在 XY 平面的应用。

(1)撤销刀具半径补偿指令 G40

G40 撤销刀具半径补偿，通常在 G00 或 G01 程序段中完成。

编程格式：G01　G40　X_ Y_;

(2)刀具半径左补偿指令 G41

G41 建立刀具半径左补偿。

编程格式：G01(G00)　G41　X_ Y_ D××;

其中，D××是刀具半径补偿值代号。

建立刀具半径补偿要在工件之外进行，直线插补(定位)轨迹的终点既可以在工件上，也可以在工件外。建立刀具半径补偿后直到撤销之前，刀具运行轨迹在其法线方向上由编程轨迹向左偏移一个刀具半径。撤销刀具半径补偿也要在工件之外进行。

(3)刀具半径右补偿指令 G42

G42 建立刀具半径右补偿。

编程格式：G01(G00)　G42　X_ Y_ D××;

其中，D××是刀具半径补偿值代号。

如图 9-9 的 P0—P1 程序段轨迹：A 点的坐标是(x, y)，当程序段

G01　G41　Xx　Yy　D××;

完成时，刀位点并没有到达 A，而是到达了 P1，相对于编程轨迹 A—B 建立了刀具半径左补偿。

用 G18 或 G19 选择 ZX 平面或 YZ 平面时，刀具半径补偿的使用方法同上，只是坐标改为

与所选平面对应的坐标。

使用刀具半径补偿前一定要设置刀具半径补偿值。系统有专用的刀具补偿数据存储单元。加工前,把刀具半径存入××单元,加工时,系统从该单元取出刀具半径计算补偿。

编程中确定了刀具轨迹后,使用左补偿指令 G41 还是右补偿指令 G42 应用如下方法判断:沿着刀具加工工件的轨迹,面向刀具进给方向,刀具在左侧就是左补偿,用指令 G41;刀具在右就是右补偿,用指令 G42。程序中需要左右补偿变换时,一定要经过指令 G40 撤销后再建立新的半径补偿。

指令 G40、G41 和 G42 是同一组别的模态代码,具有模态代码的特征,所以在使用刀具补偿后,必须及时用指令 G40 撤销,否则会造成编程错误。

9.2.4 知识点四:加工中心简介

加工中心是在数控铣床的基础上发展起来的。它与数控铣床有很多相似之处,最大的不同在于它有自动换刀功能,即具有刀库、换刀装置、主轴准停装置及换刀控制系统。为加工复杂形状工件,一般有 3~5 轴联动功能,它可以在一次装卡中对工件进行钻、铣、镗、攻螺纹等多种加工,效率比数控铣床大为提高。加工中心是工厂自动化和构成柔性加工系统不可缺少的机床。

加工中心按主轴的方向分为立式和卧式两种。立式加工中心的主轴是垂直的,如图 9-10 所示。立式加工中心装卡工件方便,便于操作,占地面积小,主要用于重切削和精加工,适合复杂形腔的加工。卧式加工中心的主轴是水平的,如图 9-11 所示。一般卧式加工中心要比立式加工中心占地面积大,结构复杂,应配有数控回转工作台,一次装卡可以加工工件的四面或五面,特别适合加工箱体。但加工时不宜观察,测量不便,所以卧式加工中心加工准备时间比立式加工中心要长,更适合于批量加工。

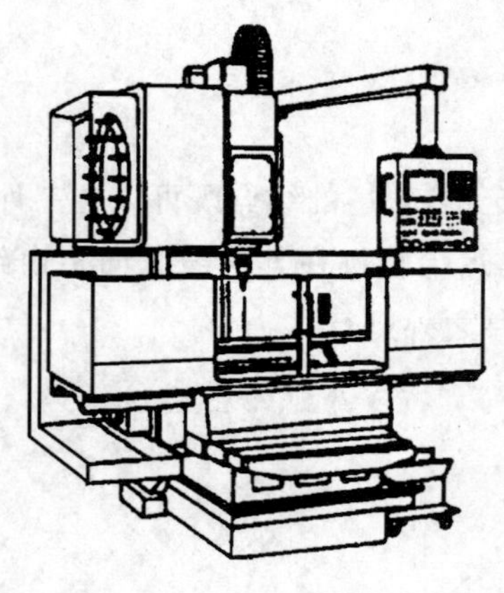

图 9-10 立式加工中心

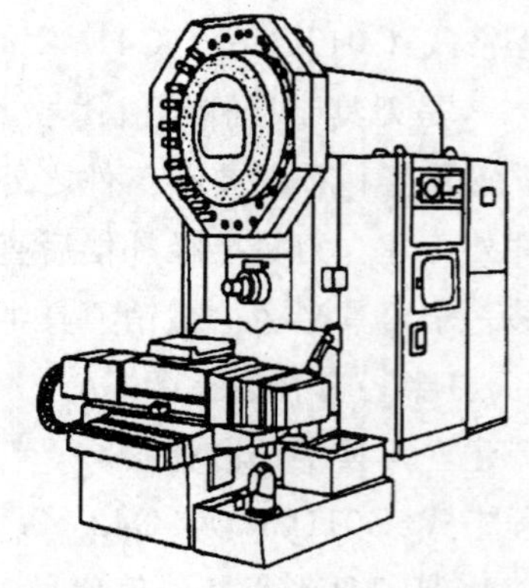

图 9-11 卧式加工中心

加工中心适合于加工复杂曲面、箱体、异形曲面及多工位多工序集中的工件。由于一次装卡后,粗加工完立刻精加工,会造成加工应力不能及时释放,工件温升没有恢复,过一段时间会产生应力变形和尺寸变化。加工中连续产生的大量切屑也会影响工件的表面质量和刀具使用等,在加工工艺中必须注意。

加工中心的编程及操作与数控铣床基本相同，不同之处在于前者增加了换刀功能。自动刀具交换的指令为 M06，在 M06 指令后用 T 功能来选择所需要的刀具。M06 指令中有 M05 功能，因此用了 M06 后必须设置主轴转速与转向。刀具号由 T 后的 2 位数字（BCD 代码）指定。

当刀库刀具排满时，主轴上无刀，此时主轴上刀号是 T00。换刀后，刀库内无刀的刀套上刀号为 T00。例如：T02 号刀换到主轴上，此时刀库中 T02 号刀变成了 T00，其刀套上为空刀。

当刀库刀具排满后，如果也在主轴上装一把刀，则刀具总数可以增加一把，也可以把 T00 作为主轴上这把刀的刀号，刀具交换后，刀库内将无空刀套，T00 号刀实际上存在，例如：T05 号刀与主轴上 T00 号刀互换后，T05 号刀换到主轴上成了 T00 号刀，T05 号刀套内放的是原来主轴上的 T00 号刀，即原来的 T00 号刀变成了现在的 T05 号刀。

编程时可以使用以下两种方法：

①N＊＊　G28　Z_　T＊＊；

　　N＊＊　M06；

执行该程序段后，T＊＊号刀由刀库中转至换刀刀位，作换刀准备，此时执行 T 指令的辅助时间与机动时间重合。本次所交换的为前段换刀指令执行后转至换刀刀位的刀具，而本段指定的 T＊＊刀号在下一次刀具交换时使用。例如：

```
N10  G01  X_Y_Z_  T01;
N20  …;
N30  G28  Z_  M06  T02;
N40  …;
N50  G28  Z_  M06;
```

在 N30 段换的是在 N10 段选出的 T01 号刀，在 N50 段换的是在 N30 段选出的 T02 号刀。

②N＊＊　G28　Z_　T＊＊　M06；

返回 Z 轴参考点时，刀库先将 T＊＊号刀具转出，然后进行刀具交换，换到主轴上的刀具为 T＊＊。

9.3　实训案例

9.3.1　案例一：数控铣削加工工艺过程

以图 9-12 所示底座零件为例对数控铣削加工进行详细介绍。

1.底座的加工工艺分析

(1)分析图纸

由图 9-13 可知，底座包括一个丝杠支承块方形槽、两个导轨槽、三个 U 形槽、外形轮廓和若干个螺纹孔。本着先面后孔、先粗后精、基面先行等原则先对丝杠支承块方形槽、导轨槽、外形轮廓和 U 形槽进行粗加工，然后对导轨槽、丝杠支承块方形槽进行精加工；对螺纹孔的加

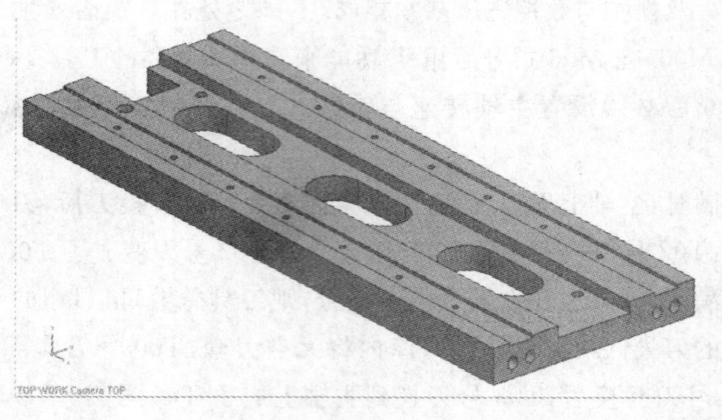

图 9-12　底座

工需先对孔进行定心，然后钻削，最后攻丝。

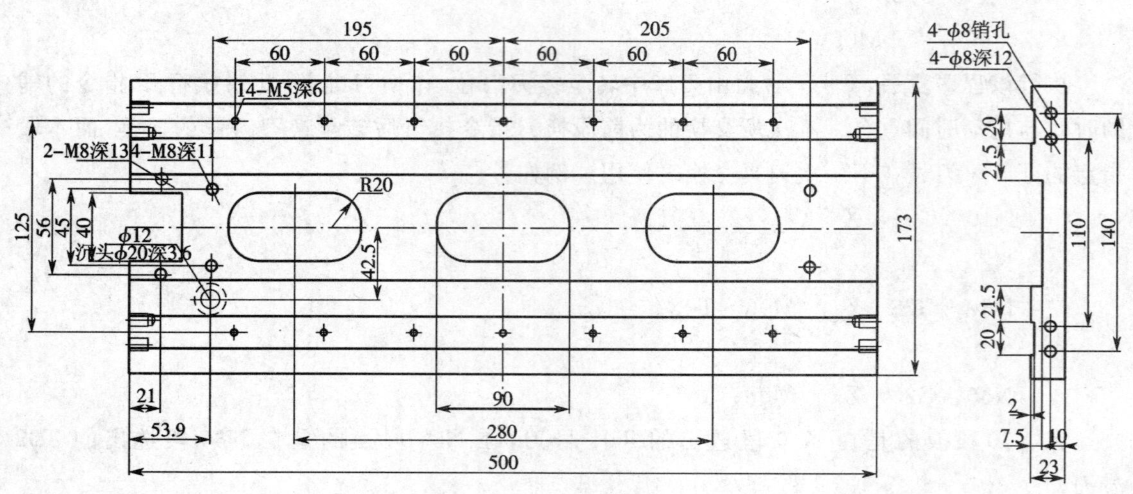

图 9-13　底座零件图

(2)确定工件加工方案

1)选择加工方式　由于该零件的加工工序较多且换刀次数多，所以选取立式加工中心加工该零件。

2)选择定位与装夹方法　毛坯外形为长方体且尺寸较大，宜选取螺钉、梯形螺母和压板进行定位和装夹。

3)选择刀具　粗加工刀具 $\phi32$ 合金立铣刀和 $\phi12$ 高速钢刀具。精加工刀具为 $\phi16$ 合金立铣刀。定心刀具为 $\phi14$ 的中心钻。麻花钻为 $\phi5$ 麻花钻和 $\phi6.7$ 麻花钻。丝锥为 $\phi6$ 和 $\phi8$ 机用丝锥。

4)加工路线的确定　图 9-14 为在数控铣削加工中心一次装夹下进行的加工路线。

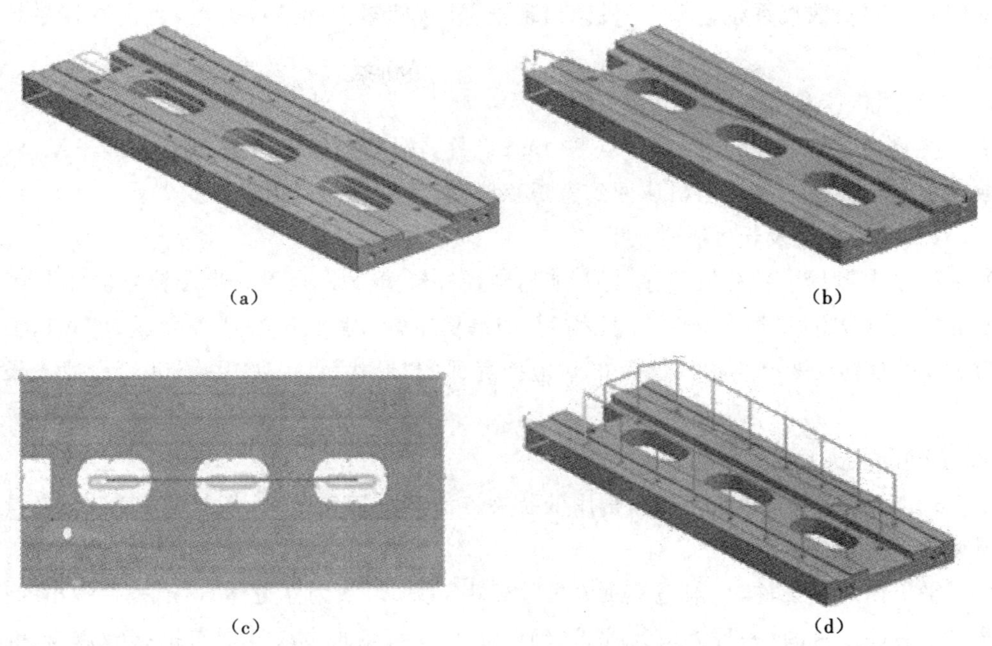

(a)　(b)　(c)　(d)

图 9-14　底座加工路线

(a)丝杠支承块方形槽的加工轨迹　(b)导轨槽的加工轨迹　(c)U 形槽的加工轨迹　(d)螺纹孔光孔的加工轨迹

5)加工工艺卡片的拟定　根据上述分析,填写底座数控铣削加工的工艺卡片,如表 9-3 所示。

表 9-3　底座数控铣削加工工艺卡片

工序内容	刀具号	刀具规格	半径补偿地址	长度补偿地址	主轴转速 (r/min)	进给速度 (mm/min)
粗铣各槽	T01	ϕ32 mm 合金立铣刀	D01	H01	800	480
精铣各槽	T02	ϕ16 mm 合金立铣刀	D02	H02	1600	960
孔定心加工	T03	ϕ14 mm 中心钻		H03	2000	300
钻孔	T04	ϕ5 mm 麻花钻		H04	3000	300
攻丝	T05	ϕ6 mm 机用丝锥		H05	200	200
钻孔	T06	ϕ6.7 mm 麻花钻		H06	2300	300
攻丝	T07	ϕ8 mm 机用丝锥		H07	200	300

2. 编写加工程序

基于各工序的刀具和切削用量等内容对 UG 的 CAM 模块中的相关参数进行设置,并基于 UG 提供的后置处理器生成实验室铣床能够接受的 G 代码。

3. 数控铣床的具体操作

(1)机床的启动

检查控制操作面板上的各按钮是否正常(急停开关处于按下状态),打开气源(空气压缩机)、机床总电源及数控系统电源,待机床出现报警时,旋转弹起急停开关,点击数控系统复位键,报警消除。

(2)手动回机床参考点

手动将 X、Y、Z 三轴移至距参考点 80 mm 以外,按回参考点键,按$+Z$、$+Y$、$+X$ 键(四轴联动数控铣床还要按+A 键),机床回到参考点时,则各轴的原点指示灯变亮。

(3)刀具半径补偿及长度补偿的设置

如果程序中刀具半径补偿寄存器为 D01,半径补偿值为 5,则刀具半径补偿番号为 001,应在界面的"形状(D)"列"番号 001"行填入 5。如果程序中刀具长度补偿寄存器为 H01,长度补偿值为 10,则刀具长度补偿番号也为 001,应在界面的"形状(H)"列"番号 001"行填入长度补偿值 10。

(4)工件的装夹

在立式加工中心上加工工件时,常用的装夹方法有平口钳装夹、压板装夹、组合夹具装夹和专用夹具装夹。

采用平口钳装夹工件,一般适宜工件尺寸较小、毛坯形状为立方体、生产批量较小的情况。使用该方法装夹工件时,一般要进行找正(确保立方体毛坯的边沿分别与机床的 X 轴和 Y 轴平行)才能夹紧,找正常用百分表或杠杆表与磁性表座配合使用来完成。根据找正需要,可将表座吸在机床主轴、导轨面或工作台面上,百分表安装在表座接杆上,使测头轴线与测量基准面相垂直。测头与基准面接触后,指针转 2 圈(5 mm 量程的百分表),移动机床工作台,校正被测量面相对于 X、Y 或 Z 轴方向的平行度或平面度(一般可以用纯铜棒敲击还没有完全夹紧的工件,利用工作台移动边敲击工件进行位置的校正)。使用杠杆表校正时,杠杆测头与测量面间成约 15°的夹角,测头与测量面接触后,指针转动半圈。百分表与杠杆表的安装与使用如图 9-15 所示。

(5)刀具的安装

刀具一般通过刀具夹头进行装夹。在夹头中安装刀具时应尽量使刀具伸出长度短一些,以提高加工时刀具的刚性。

机床上安装刀具时,首先将主轴前端锥孔内壁清理干净,然后在手动或手轮的工作方式下按下主轴上松刀空气开关按钮不放,将刀柄插入主轴前端锥孔,轻微晃动,感觉没有松动后方可松开刀具开关按钮。

(6)建立工件坐标系(对刀)

通过对刀在机床上设置工件坐标系的方法有 G92 法和 G54~G59 法。下面以第二种方法介绍数控铣削加工建立工件坐标系的过程。

1)以毛坯孔或外形的对称中心为工件坐标系原点　X、Y 方向的对刀通常是用百分表或寻边器来进行。用百分表对刀(图 9-16)时,利用磁性表座将百分表粘在机床主轴端面上,手动或低速旋转主轴。然后手动操作,使旋转的表头依 X、Y、Z 的顺序逐渐靠近被测表面,用步进移动方式逐步降低步进增量倍率,调整移动 X、Y 位置,使得表头旋转一周而其指针的跳动量在允许的对刀误差内(如 0.02 mm)时,按数控系统面板上的"OFF/SET"偏置/设置键,再按"坐标系"软键,调出坐标系设定界面,将光标移至 G54 等的"X"之后,输入"0",选"测量"软键,

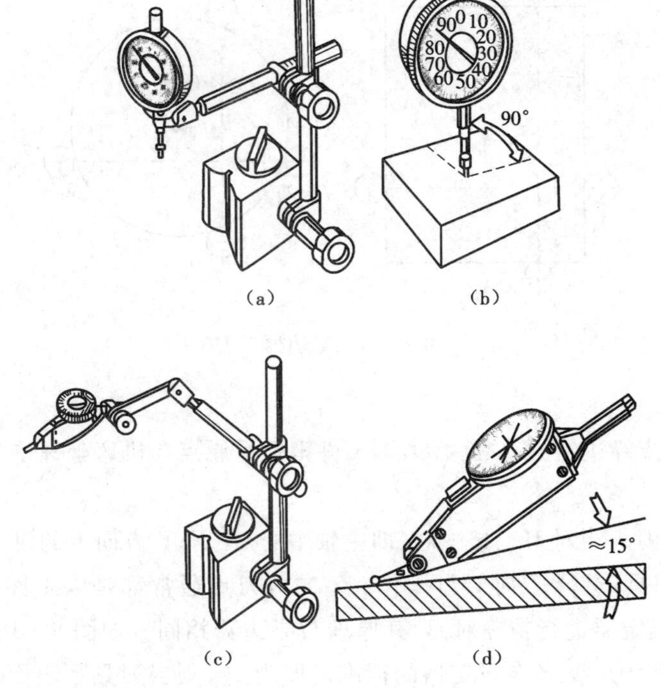

(a) (b) (c) (d)

图 9-15 百分表与杠杆表的安装与使用

(a)百分表的安装 (b)百分表的使用 (c)杠杆表的安装 (d)杠杆表的使用

将光标移至 G54 等的"Y"后，输入"0"，选"测量"软键，系统即可自动计算并显示出 G54 等坐标系 X、Y 零点的机床坐标值。

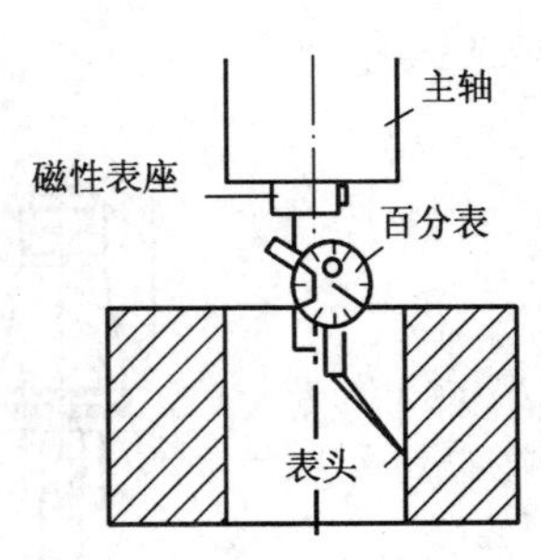

图 9-16 百分表对刀

用寻边器对刀时，将电子寻边器和普通刀具一样装夹在主轴上，其柄部和触头之间有一个固定的电位差，当触头与金属工件接触时，即通过床身形成回路电流，寻边器上的指示灯被点亮。逐步降低步进增量，使触头与工件表面处于极限接触(进一步即点亮，退一步则熄灭)，即认为定位到工件表面的位置处。如图 9-17 所示，先后定位到工件外(内)边缘的左(下)侧表面，记下对应的 $X_1(Y_1)$ 坐标值，按"POS"将当前坐标置为 0，将触头移至对面，记下对应的 $X_2(Y_2)$ 坐标值，则分别将 $(X_2-X_1)/2$ 和 $(Y_2+Y_1)/2$ 输入到 G54 等的"X"和"Y"之后。

2)以毛坯相互垂直的基准边线的交点为工件坐标系原点　如图 9-18 所示，使用寻边器或直接用刀具对刀。

按 X、Y 轴移动方向键，令刀具或寻边器移到工件左(或右)侧空位的上方。再让刀具下行，最后调整移动 X 轴，使刀具圆周刃口接触工件的左(或右)侧面，记下此时刀具在机床坐标系中的 X 坐标 x_a，然后按 X 轴移动方向键，使刀具离开工件左(或右)侧面。

用同样的方法调整移动到刀具圆周刃口接触工件的前(或后)侧面，记下此时刀具在机床坐标系中的 Y 坐标 y_a。最后让刀具离开工件的前(或后)侧面，并将刀具回升到远离工件的

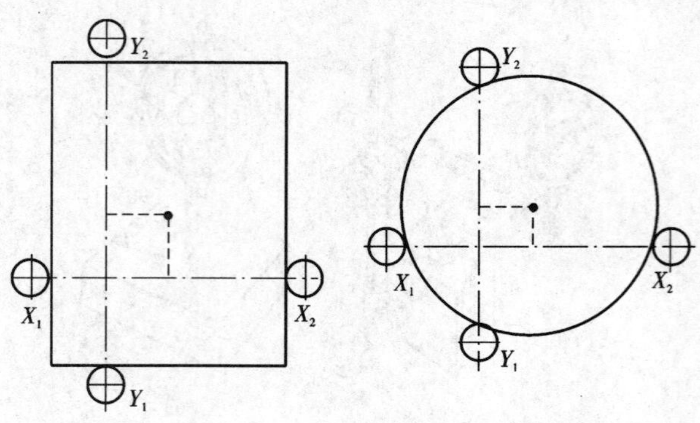

图 9－17　寻边器对刀

位置。

如果已知刀具或寻边器的直径为 D，则工件坐标系原点在机床坐标系中的坐标应为（$x_a - D/2, y_a + D/2$）。

3）刀具 Z 向对刀　当对刀工具中心（即主轴中心）在 X、Y 方向上的对刀完成后，可取下对刀工具，换上基准刀具，进行 Z 向对刀操作。Z 向对刀点通常都是以工件的上下表面为基准的，这可利用 Z 向设定器进行精确对刀，其原理与寻边器相同。如图 9－19 所示，若以工件上表面为工件零点（$Z=0$），设 Z 向设定器的标准高度为 50，则当刀具下表面与 Z 向设定器接触致指示灯亮时，刀具在工件坐标系中的坐标应为 $Z=50$，将此时刀具在机床坐标系中的 Z 坐标值减去 50 后的结果记下来。

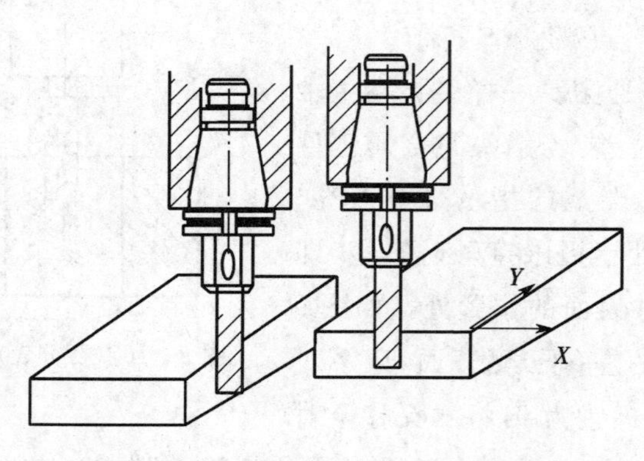

图 9－18　对刀操作时的坐标位置关系

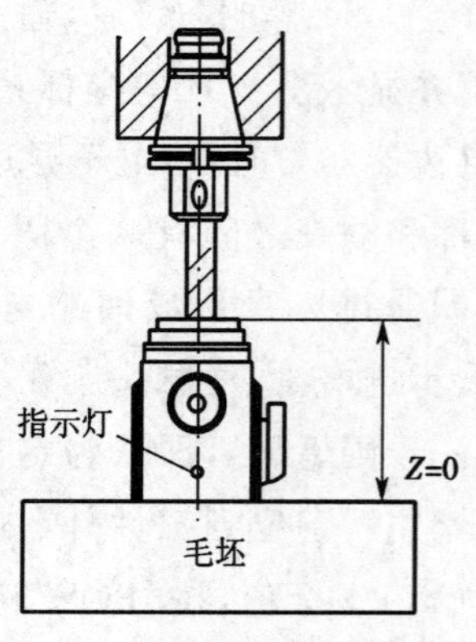

图 9－19　Z 向对刀设定

（7）编辑或上传 NC 程序

上传程序分两个步骤，即“机床操作”和“微机操作”。机床操作的步骤为：设置工作方式为“编辑”，按“PROG”键，按“操作//读入”软键，机床已准备好接收程序。微机操作的步骤为：打开上传程序的软件，再打开所编辑的程序，然后选择“发送文件”，即可上传程序。

（8）程序校验

按功能键“PROG”，显示已经打开的程序；调出建立工件坐标系的界面，将光标移至“（EXT）”的“Z”后，输入机床空运转的安全高度，按“INPUT”键；在编辑方式下按“RESET”键将光标移至程序的开头，置工作方式为"自动"，再按"循环启动"以运行程序；按图形显示键，再选"图形"软键，观察模拟运动的轨迹是否正确，据此修改程序。

(9)工件自动加工

试运行确定程序无误后可进行工件的实际切削。若证明工件的加工程序正确，工件加工质量符合零件图样要求，便可进行工件的正式加工。在加工中若遇突发事件，应立即按下急停按钮。

(10)机床关闭

加工完毕后，将机床各坐标轴移至适当的位置，使各轴离开机床零点大约 100 mm(工作台最好放在中间位置)，按下急停开关，关闭数控系统电源、机床总电源及气源。

(11)结束加工

取下工件，对机床进行清理保养。

9.3.2 案例二：自动编程实践(拓展)

加工如图 9-20 所示的零件，要求加工图中有两个斜面。

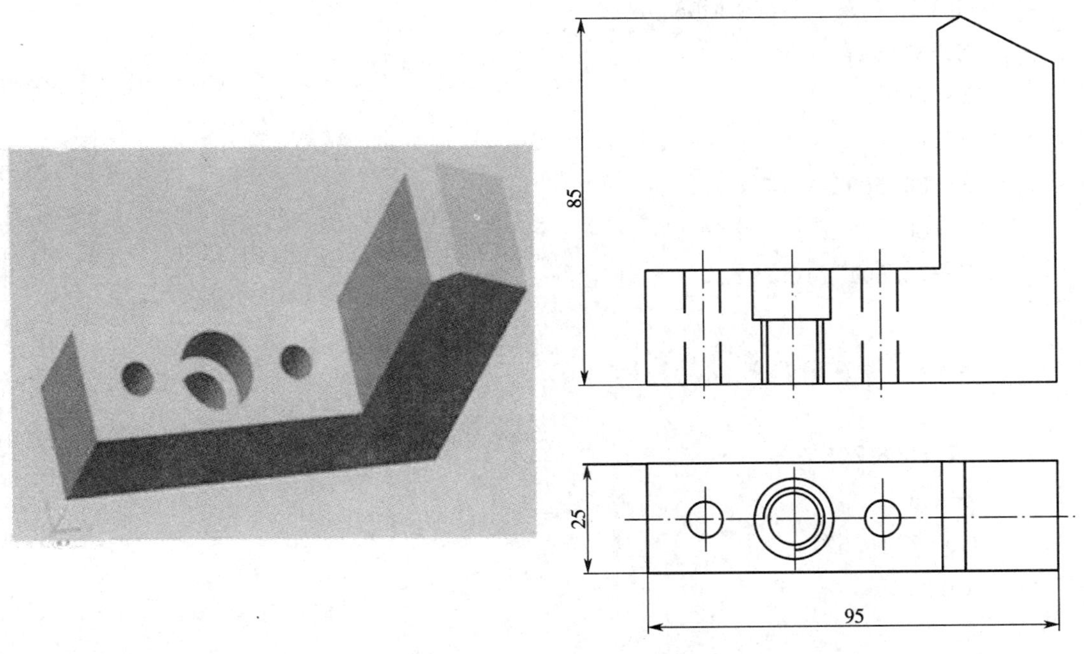

图 9-20 数控铣削零件

1. 工艺分析

根据加工精度要求对该零件分别进行粗加工、半精加工和精加工。

2. 刀具选择及切削用量的确定

选用 ϕ12 mm 的平底铣刀进行粗加工，选用 $R6$ mm 的球头铣刀进行半精加工，选用 $R5$ mm 的球头铣刀进行精加工。

粗加工的主轴转速选用 3 500 r/min，进给速度为 1 600 mm/min；半精加工的主轴转速选用 2 000 r/min，进给速度为 1 000 mm/min；精加工的主轴转速选用 4 000 r/min，进给速度为 2 500 mm/min。

3. 生成数控程序

利用 UG 的 CAM 模块，通过设置刀具参数、各切削参数等生成各工序的刀路轨迹，半精加工的加工轨迹如图 9-21 所示。基于生成的加工轨迹，通过后置处理自动生成数控加工程序。

```
%
G40 G17 G90 G54
G91 G28 Z0.000
T01 M06
T02
G00 G90 X-91.900 Y-0.198 S3500 M03
G43 Z120.000 H01
Z72.753
G01 Z69.753 F1600 M08
X-80.594
Y9.500
Y9.540
X-80.589 Y9.578
X-80.495 Y10.292
X-76.601 Y10.302

⋮

X71.808 Z62.929
Z68.570
G00 Z116.571
M02
%
```

图 9-21　自动生成的半精加工的加工轨迹

第10章　数控雕刻工艺实训

学习重点

- 掌握数控雕铣机的加工原理及加工方法。
- 体会数控雕铣机与加工中心的联系。
- 领会加工中心的加工原理及特点。
- 掌握FANUC系统的基本代码编程与调试。
- 掌握数控雕刻的加工方法。

10.1　实训安全

雕刻实训是机电类专业的主要实训课程。通过学习本课程，使学生获得对数控加工的感性认识，了解数控加工的原理和特点，基本掌握数控机床的操作技能、典型零件的加工工艺及手工编程的方法等，使学生更加适应现代社会的发展需要。

从安全文明实训的角度考虑，学生在参加实训时必须严格遵守以下事项：

①操作人员必须穿着工作服，长发人员要头戴工作帽；

②操作人员应熟悉和掌握机器的性能与特征；

③操作人员必须认真检查程序，调试后无错误方可加工；

④操作人员要确保紧急停止开关良好，避免发生事故；

⑤上下工件时，需停止机器，并注意工件与刀具保持安全距离；

⑥刀具磨损时要及时更换刀具；

⑦工作结束后，应关闭电源，将车床擦拭干净，在导轨上加注防锈油；

⑧最后清扫场地，结束工作。

10.2　基本知识点

10.2.1　知识点一：数控雕铣机结构

数控雕铣机是以加工中心为设计原型制作的。由于加工中心操作程度较复杂，学习周期较长，不利于非机械类专业的同学在金工实习中进行短期的实践学习。数控雕铣机操作简便，学习周期短，因此选用数控雕铣机作为实习设备。

机械传动部分是利用滚珠丝杠的轴向传动原理设计的。下面将加工中心和数控雕铣机的各部分进行比较展示，如图10-1和图10-2所示。

(a)

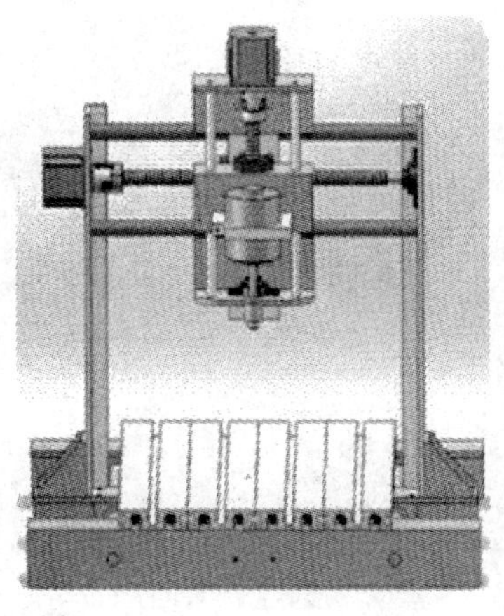
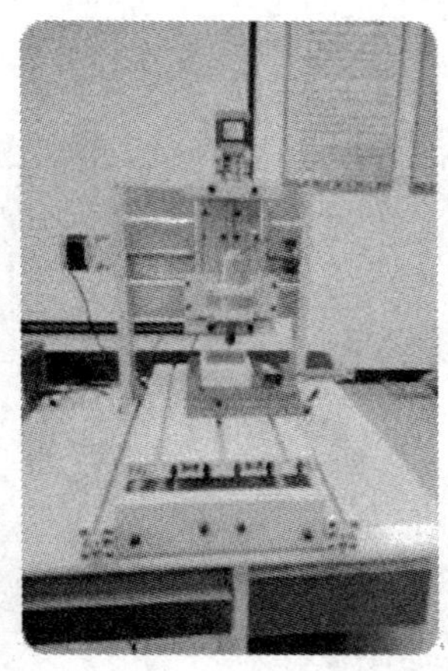

(b)

图 10－1　加工中心与数控雕铣机

(a)加工中心效果图　(b)数控雕铣机的设计模型和实体机

10.2.2　知识点二:图形设计

图形设计是以 AutoCAD 2007 为设计平台,具体要求如下。

①图形的设计范围在 55 mm×55 mm 的矩形内。

②图素要求。只能利用直线、圆弧、圆这三种图素绘制图形。

③坐标原点的选择。学生可根据自己绘制的图形特征自定义坐标原点的位置。如对称图形可以 55 mm×55 mm 的矩形中心为坐标原点,便于后面的代码编程。

10.2.3　知识点三:FANUC 系统的基本代码

G90	绝对值指令
G91	增量值指令
G00 X _ Y _ Z _;	快速点定位指令
G01 X _ Y _ Z _ F _;	直线插补指令

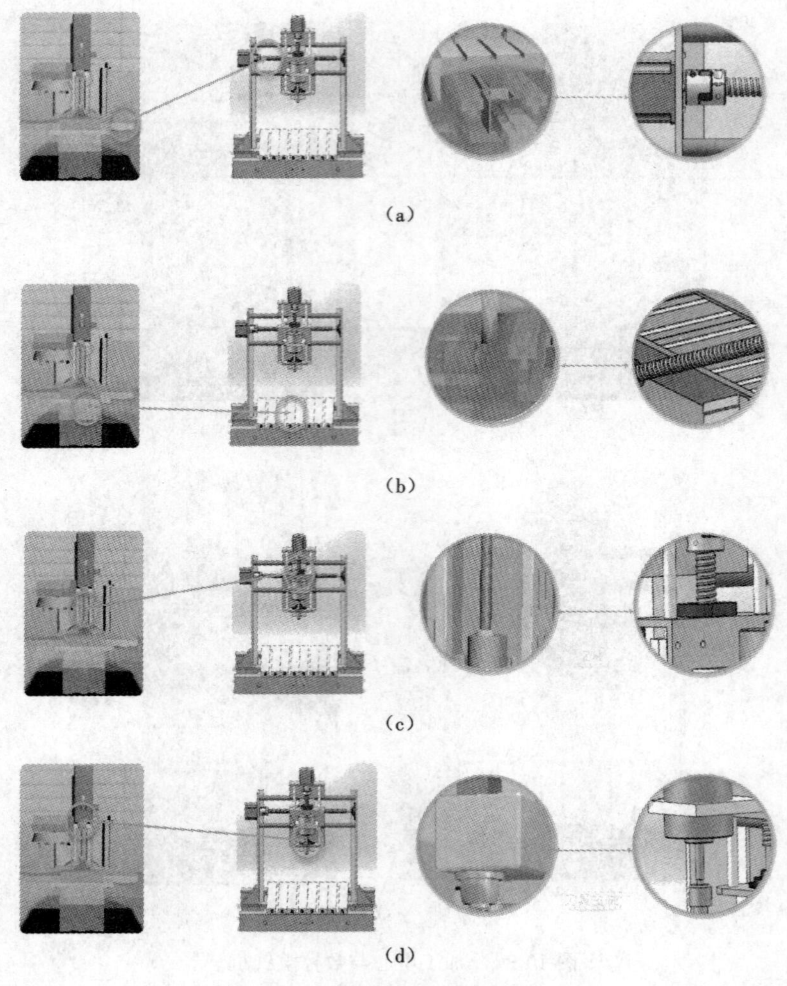

(a)

(b)

(c)

(d)

图 10-2　数控雕铣机各部分结构

(a)X 轴结构　(b)Y 轴结构　(c)Z 轴结构　(d)主轴结构

G02 X _ Y _ R _ F _;	顺时针圆弧插补指令(作弧)
G03 X _ Y _ R _ F _;	逆时针圆弧插补指令(作弧)
G02/G03 I _ J _ F _;	(作圆)
M03 S _;	主轴正转指令
M30;	程序结束指令
F _	进给速度

10.2.4　知识点四:程序的调试

学生将自行绘制的图形进行手工编程,然后用 Mach3Mill 进行程序调试,如图 10-3 所示。

程序调试步骤如图 10-4 所示。

①载入程序。

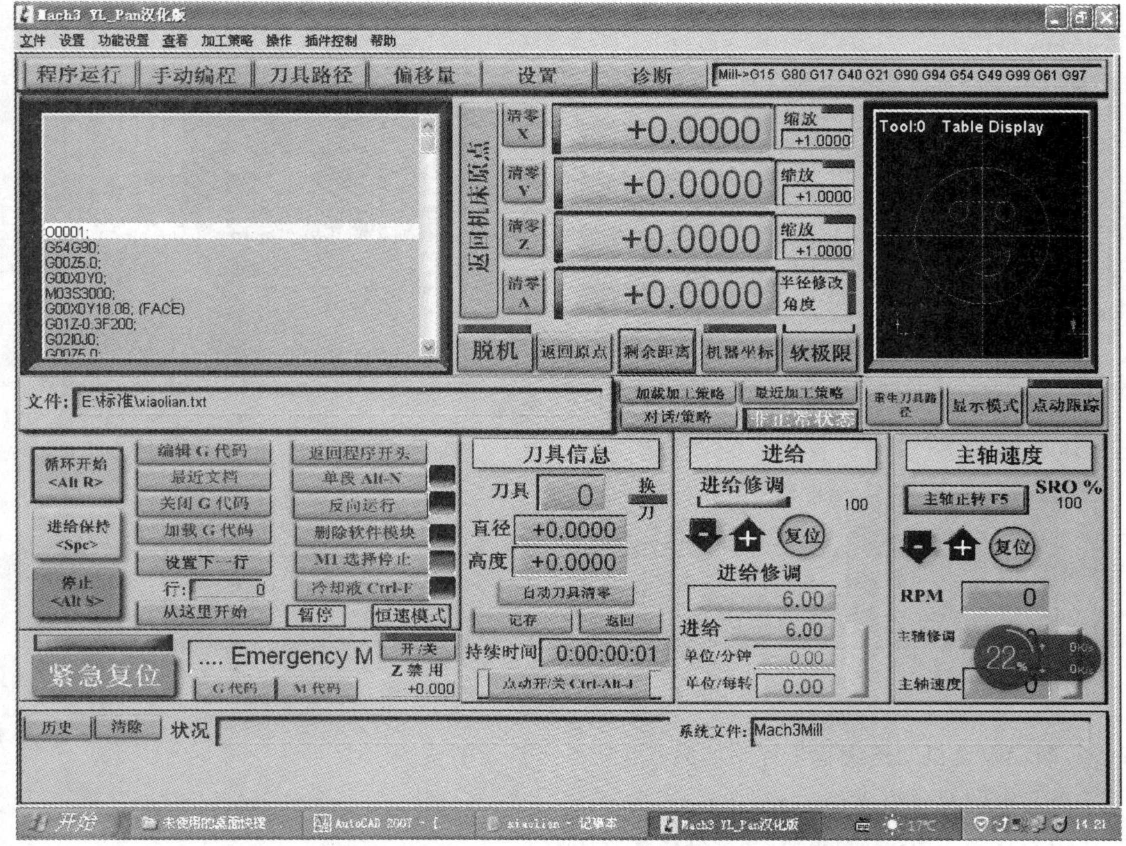

图 10－3　Mach3Mill 软件界面

②观察图形框中显示的图形是否正确。

③没有图形显示或与绘制的图形不一致均表示程序有错误，点击“编辑 G 代码”功能进行修改。

④再观察图形框中显示的图形是否正确。

⑤直至图形显示正确为止。

10.2.5　知识点五：雕刻加工

雕刻加工操作主要包括准备工作、对刀和加工。

1. 准备工作

1）通电　接通数控雕铣机控制箱的电源。

2）开机　打开电脑主机。

3）调状态　将控制箱上的紧急停止开关和 Mach3Mill 界面上的紧急复位按键进行重置，得到以电脑、控制箱、数控雕铣机三部分的信号连接。

2. 对刀

对刀的目的是将编程时的工件坐标系（编程基准）和加工时的加工坐标系（工艺基准）统一

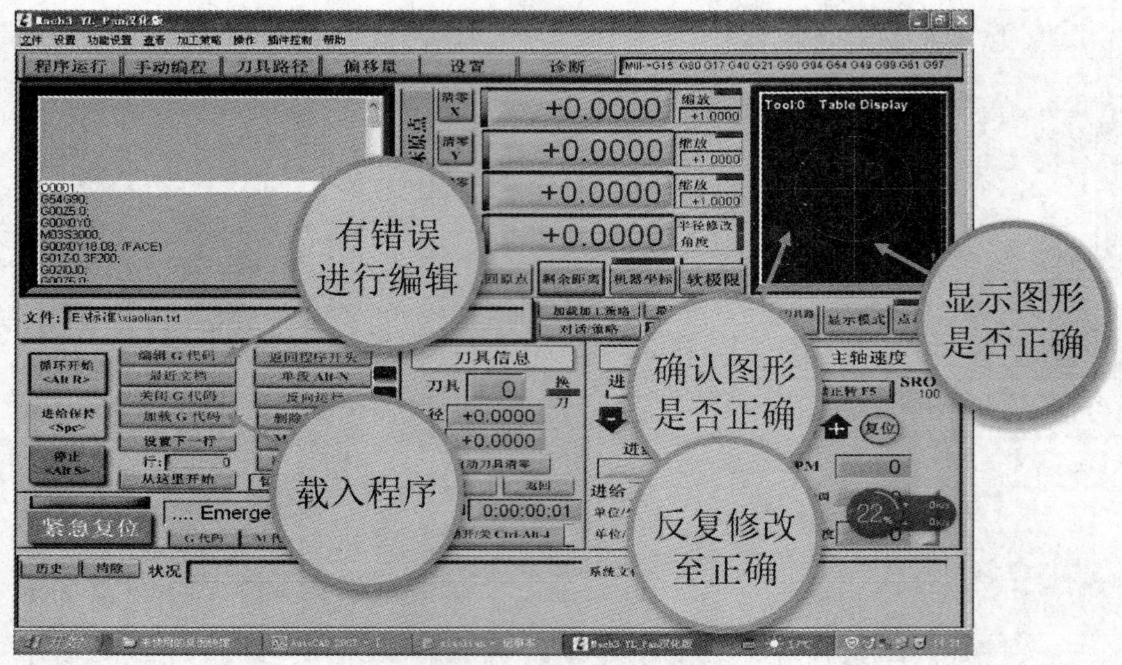

图 10 - 4　运用 Mach3Mill 调试程序

起来，即让雕铣机知道编程坐标系的原点在机床坐标系的位置。

对刀由两部分组成。

1)载程序　通过 Mach3Mill 软件载入程序。

2)调基准　即对刀，对刀步骤如下：

①利用键盘方向键和 PgUp、PgDn 控制雕刻刀移动，使其刀尖停在加工坐标系原点上；

②雕刻刀的移动会使 Mach3Mill 界面上的图形框中十字交点偏移(十字交点等同于刀尖)，再点击 Mach3Mill 界面上的“返回机床原点”按钮，使偏移的交点重置回工件坐标系原点位置。

3. 加工

1)观效果　加工参数设置的不同会得到不同的效果，如刀具转速、进给速度、雕刻深度等。

2)重安全　学生要始终遵守数控雕刻的安全操作守则。

10.3　实训案例

10.3.1　案例一：雕刻图形

加工如图 10 - 5 所示的雕刻图形，设毛坯是 65 mm×65 mm×2 mm 的塑料板，使用 ϕ0.3 mm 的雕刻刀。

图 10-5　雕刻图形

10.3.2　案例二:自制作品

要求学生自己设计一个校徽作品,并雕刻加工。

①学生根据设计的图形写出程序。

②学生自行编制的程序调试后经老师检查方可输入系统。

③在老师的指导下完成工件的装夹、对刀等操作,完成雕刻。

第11章 线切割工艺实训

学习重点

- 了解电火花线切割机床的安全操作守则及实训要求。
- 学习掌握线切割加工原理、机床结构及加工特点等基本知识。
- 通过案例掌握线切割手工和自动编程方法以及线切割机床的操作。

11.1 实训安全

电火花线切割加工是利用移动的细金属导线(钼丝或铜丝)作为电极,对工件进行脉冲火花放电,靠放电时局部瞬间产生的高温来除去工件材料。根据电火花线切割的加工特点以及线切割机床的操作要求,从安全文明实训的角度考虑,学生在参加实训时必须严格遵守以下事项。

一、电火花线切割机床安全操作守则

①开机前须检查室内温度是否符合工作要求(15～25 ℃)。

②开机前,检查电火花线切割机床各按键、仪表、手柄及运动部件是否灵活正常。通电检查正常后再进行工作。

③启动机床前,各运动机构上不要加注润滑油,使用后机床要擦净并加润滑油。

④未经指导人员允许,严禁乱动设备及相关物品。

⑤操作机床时,必须站在绝缘板上,且不准用手柄或其他导体触摸工件或电极。

⑥不能用手触动钼丝,以防断丝或划伤手指。

⑦工件安装位置要使切割范围在机床纵横拖板的许可行程之内。

⑧计算机为机床附件,禁止挪用。

⑨切割过程中不能用手接触工件,以防触电。

⑩切割过程中不得离开机床。

⑪装卸工件时,工作台上必须垫木板或者橡胶板,以防工件掉下砸伤工作台。

⑫机床不准超负荷运转,X、Y 轴不准超出限制尺寸。

⑬更换切削液或清扫机床时,必须切断电源。

⑭工作结束后,立即擦洗机床,易蚀部位涂保护油,将工件及工具、卡具摆放整齐,切断电源,确认安全后方可离开。

二、电火花线切割机床文明实习要求

①进入工程训练场地必须穿工作服,长发者戴工作帽,不准穿高跟鞋,严禁戴手套等操作,

以防发生事故。

②必须在指导老师的指导下进行操作,不得擅自使用机床。

③未经指导人员允许,严禁乱动设备及一切物品。

④工件以及工具等放置要稳妥、整齐、合理,便于取用。

⑤工具箱内应分类摆放物件。

⑥严禁在车间内嬉戏、打逗。

⑦保持地面清洁,以免滑倒摔伤。

⑧操作过程中不得从事与实习无关的事情。

⑨工作中不准擅自离岗。

⑩工作场地周围应保持清洁、整齐,防止摔倒。

⑪工作完毕后,将所用过的物件擦净归位。

⑫当日工程训练完毕,要认真清理场地,关闭电源,经指导老师同意后方可离开。

11.2 基本知识点

11.2.1 知识点一:电火花线切割加工原理

电火花线切割加工是利用移动的细金属导线(钼丝或铜丝)作为电极,对工件进行脉冲火花放电,靠放电时局部瞬间产生的高温来去除工件材料,以此进行切割加工的方法,如图11-1所示。作为工具电极的钼丝或铜丝,在储丝筒带动下作正反向交替移动,脉冲电源的负极连接电极丝,正极连接工件,在电极丝和工件之间喷注工作液,工作台在水平面的两个坐标方向上各自按预定的控制程序由数控系统驱动作伺服进给移动,完成工件的切割加工。线切割加工过程及其示意分别如图11-2和11-3所示。

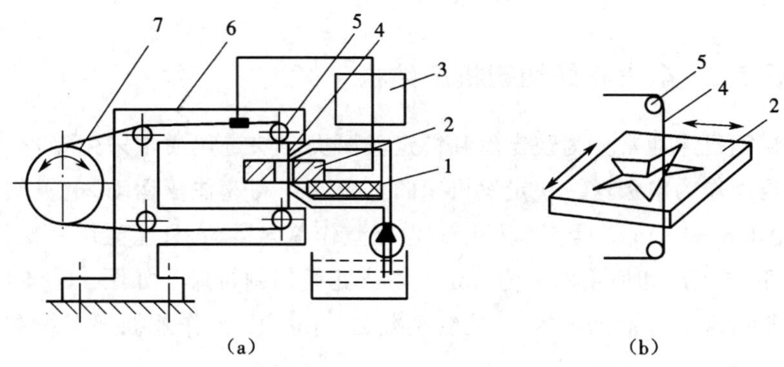

图11-1 电火花线切割原理

(a)工作原理 (b)加工放大

1—绝缘底板 2—工件 3—脉冲电源 4—钼丝 5—导向轮 6—支架 7—储丝筒

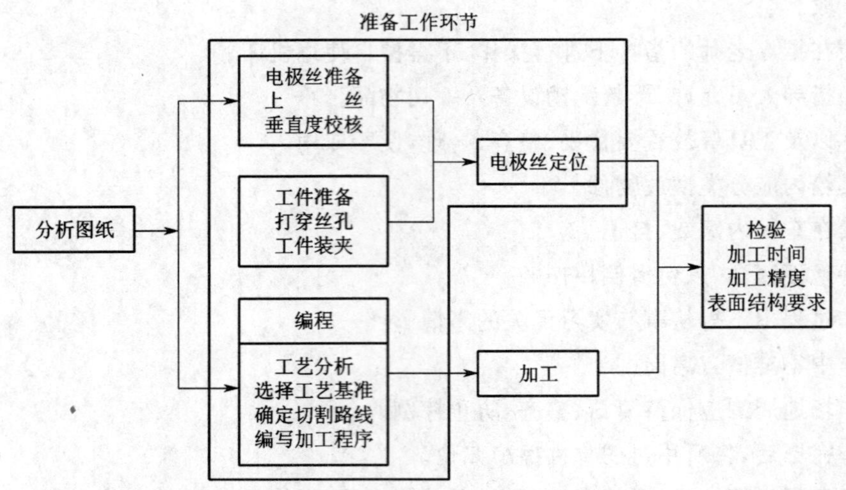

图 11-2　线切割加工过程

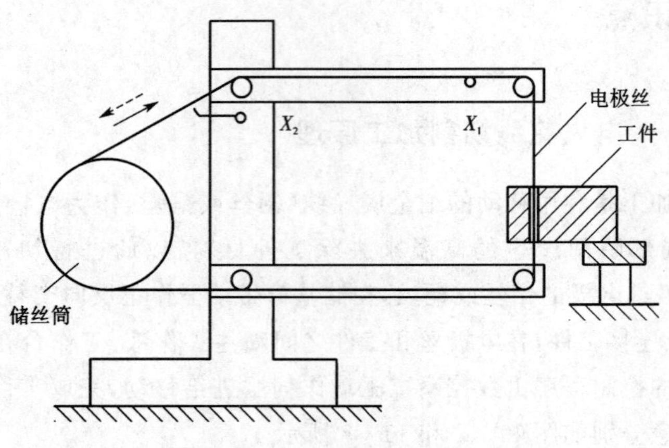

图 11-3　线切割加工示意

11.2.2　知识点二:电火花线切割机床结构

电火花线切割机床通常分为快走丝和慢走丝两类。快走丝通常采用钼丝作为电极丝,慢走丝通常采用铜丝作为电极丝。快走丝机床的电极丝作高速往复运动,电极丝可以多次重复使用,走丝速度在 8~10 m/s;慢走丝机床的电极丝作单向运动,只能使用一次,走丝速度一般低于 0.2 m/s,我国生产和使用的多为快走丝电火花线切割机床。如图 11-4 所示,数控快走丝电火花线切割机床主要由机床本体、控制系统、脉冲电源、工作液循环系统和机床附件等部分组成。

1. 机床本体

机床本体又称切割台,是线切割机床的机械部分。它由床身、工作台、走丝机构、锥度切割装置、丝架和夹具等部分组成。

1)工作台　由电动机、滚动丝杠和导轨组成,带动工件实现 X、Y 方向的直线运动。

2)走丝机构　由走丝电机带动储丝筒作正反向旋转,使电极丝往复运动并保持一定的张

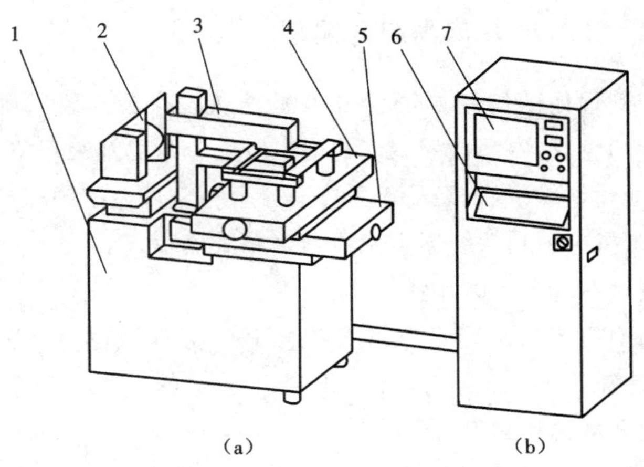

图 11-4　数控电火花线切割机床示意图

(a)切割台　(b)控制柜

1—床身　2—走丝机构　3—导丝架　4—Y 向工作台　5—X 向工作台　6—键盘　7—显示屏

力。储丝筒在旋转的同时作轴向移动。

3)锥度切割装置　由偏移导轮或坐标联动机构组成,可实现锥度切割加工和上下异型截面加工。

2. 控制系统

控制系统是进行电火花线切割的重要环节。主要作用是在加工过程中按加工要求自动控制电极丝相对工件的运动轨迹,自动控制伺服进给速度,以获得所需工件的形状和尺寸。

3. 脉冲电源

脉冲电源是将产生的脉冲信号放大,加到工件与电极丝之间,进行电蚀加工。

4. 工作液循环系统

工作液循环系统提供切割加工时的工作液,起到冷却、排屑和迅速恢复绝缘的作用。

11.2.3　知识点三:线切割加工的特点及应用

1)加工性　主要取决于材料的导电性和热学特性,几乎与材料的力学性能无关。

2)加工成形工具及复杂形状　由于靠放电加工,电极丝很细(<0.3 mm),可以加工微细异形孔、窄缝和形状复杂的工件(如带锥度型腔的电极、微细复杂形状的电极和各种样板、成形刀具等),用于各种模具制造(如凸模、凹模及各种形状的冲模等)。采用移动的长电极丝进行加工,单位长度上的损耗很少,从而提高了加工精度。

3)适应加工材料　适合加工各种稀有、贵重金属材料以及用机械加工方法不能加工的导电材料,高硬度、高脆性等难加工材料和低刚度工件的加工。

4)电极标准　采用制造成形电极丝,不需设计和加工工具电极,降低了成本,缩短了加工周期。

5)加工安全　采用水或水基工作液不会引燃起火,容易实现安全无人运转。

11.2.4 知识点四:数控电火花线切割编程

数控电火花线切割程序的编制要符合 ISO 标准及国家标准要求的坐标系规定、程序格式、结构、程序段和字的组成,熟悉数控系统的指令应用。线切割编程格式有 3B(个别扩为 4B 或 5B)、ISO(国际标准化组织)或 EIA(美国电子工业协会),为了便于交流,按照国际统一规范,我国生产的线切割机床控制系统逐步采用 ISO 格式编程。

1. 数控电火花线切割机床的编程特点

数控电火花线切割机床的常用指令格式符合 ISO 标准,与数控铣床的指令格式基本相同,但又有其自身的特殊性。下面结合 ACTSPARK 公司的 FW 系列数控高速走丝线切割机床介绍一些常用的指令格式和编程指令。

1)运动坐标　数控线切割机床中,X、Y 为工作台的运动坐标,U、V 为锥度切割装置的运动坐标,坐标值的单位是 mm,但在小数点后保留 3 位。

编程格式:G01　X_Y_U_V_;

其功能为实现 X、Y、U、V 四轴联动直线插补。

2)丝半径补偿 D　在数控铣削加工中 D 为刀具半径,而数控线切割加工中的 D 为丝半径与放电间隙之和。

3)圆弧插补　指令格式 G02、G03 与数控铣削加工中的含义完全相同,但数控线切割加工中没有平面选择功能。

编程格式:G02　X_Y_I_J_;

其中,I、J 是圆心在 X、Y 轴上相对于圆弧起点的坐标。

4)加工延时　加工延时指令 E 仅为数控线切割加工所有,其单位为 ms。

5)开关指令　T84、T85 分别是开、关冷却液;T86、T87 分别是开、关走丝。

2. 数控电火花线切割编程

数控电火花线切割编程分为手工编程和自动编程。手工编程的工作量大,当零件的形状复杂或具有非圆曲线时,容易出错;目前数控线切割机床具有多种自动编程功能,可以减少出错和保证加工精度,提高工作效率。

1)手工编程　手工编程就是用规定的代码编写加工程序。下面以 BKDC 型数控电火花线切割机床的数控系统为例介绍手工编程。编程规则如下:

①程序起始行(G92)位于其他所有行(不包括注释行)之前,但并不是必须的;

②每一程序行只允许含一个代码;

③注释以"%"开始至行末结束。

2)自动编程　自动编程是指输入图形后,经过简单操作,即由计算机编出加工程序。自动编程分为输入图形、生成加工轨迹和生成加工程序。对简单或规则的图形,可利用 CAD/CAM 软件的绘图功能直接输入;对不规则图形可以用扫描仪输入,经位图矢量化处理后使用。前者能保证尺寸精度,适用零件加工;后者会有一定误差,适用毛笔字和工艺美术图案的加工。另外,还可以利用线切割机床自带的 SCAM 系统(启动机床即进入手动模式,按 F8 "CAM"即进入 SCAM 系统)进行简单图形的绘制和加工程序的生成。

11.2.5 知识点五:R2V 和 CAXA 线切割编程软件的学习

CAXA 线切割自动编程软件应用比较多,现以此软件为例,简要介绍计算机数控线切割编程。首先要绘制加工图形来生成加工轨迹,然后在屏幕上进行加工轨迹仿真,最后利用生成的加工轨迹自动编写出线切割加工程序,编程之后就可直接用于控制线切割机床的加工。

1. CAXA 线切割自动生成程序过程

1)绘图　在 CAXA 线切割软件中,可以绘制直线和圆弧构成的各种图形以及公式曲线等,或者将其他绘图工具(如 CAD、CAM 等)绘制的图导入 CAXA 线切割。

2)生成加工轨迹　单击“线切割”菜单中的“轨迹生成”项,编程过程如下。

①输入切入方向:选“垂直”切入,输入轮廓精度和切割次数,选轨迹生成时自动补偿。

②输入偏移量补偿量。

③选择加工方向:单击图形轮廓线,选择加工方向和补偿方向。

④输入穿丝点位置。

3)生成代码　单击“线切割”菜单中的“G 代码”,在“生成机床 G 代码”对话框中输入文件名并保存,拾取加工轨迹后,屏幕上显示出该图的程序代码。

2. R2V 扫描输入编程

对精度要求不高且形状复杂的二维图形,可以采用扫描输入编程。其编程过程如下。

1)导入图形　打开 R2V 软件,导入需要生成程序的图形。

2)编辑图形　扫描输入的图像,其画面质量因原图情况不同会有很大的差异。为了下一步矢量化,要用图形软件把图像处理成黑白图。

3)矢量化　点击“矢量化”菜单中的“自动矢量化”,在弹出的对话框里选择“提前轮廓”,完成图形的矢量化。

4)保存图形　点击“文件”菜单中的“选择矢量化输出”,将其保存为. igs 文件。

5)用 CAXA 生成加工程序　完成了图形矢量化后,利用 CAXA 线切割软件提取. igs 文件,就可以按上面介绍的方法生成线切割的加工轨迹和加工程序。

11.2.6 知识点六:电火花线切割机床的操作

1. 启动机床

打开机床总电源开关(在控制柜的侧面),按下控制柜中控制面板上的强电开关,旋转弹起主轴箱上的急停开关,系统启动并自动进入手动模式。

2. 安装工件

将夹具底部擦拭干净,置于工作台上的适当位置紧固;擦净夹具限位面及工件定位面;安装工件,找正并夹紧。

3. 钼丝的安装

图 11 - 5 为钼丝的穿丝示意图。把钼丝均匀缠绕在储丝筒的表面,两端钼丝留 5 mm 余量;如果工件上有穿丝孔,则移动工作台至工件穿丝孔位置;从卷丝筒取下钼丝的端头,通过上导轮穿过工件穿丝孔,再通过下导轮、导向轮引向卷丝筒,张紧并固定,并用找正器或校直仪找

正钼丝，保证其在 X、Y 方向的垂直度。

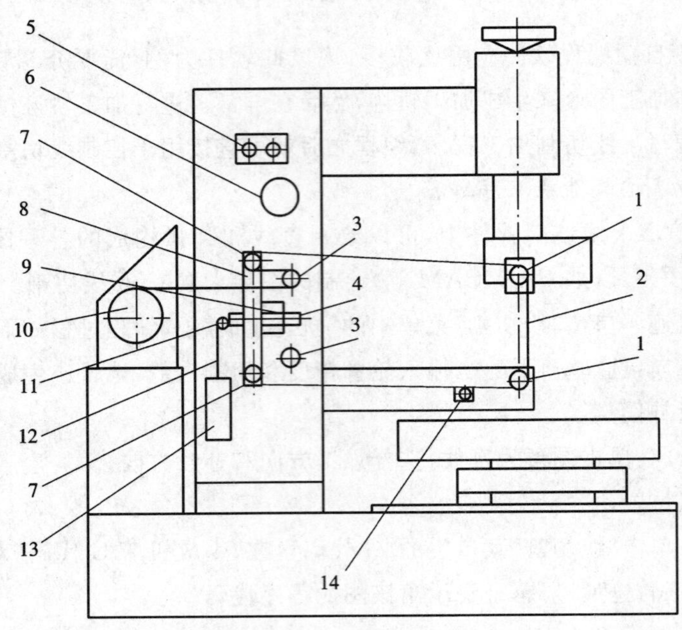

图 11-5 穿丝示意图

1—主导轮 2—电极丝 3—辅助导轮 4—直线导轮 5—工作液旋钮 6—上丝盘 7—张紧轮 8—移动板 9—导轨滑块 10—储丝筒 11—定滑轮 12—绳索 13—重锤 14—导电块

4. 建立加工坐标系

具有穿丝孔的工件装夹好后，把钼丝从穿丝孔穿过，在手动模式下，根据主界面下方的提示，按 F3 键，按"ENTER"确认，电极丝便自动找中心。钼丝将自动先向 X 正方向移动接触工件内壁，再向 X 负方向移动接触工件另一侧内壁，然后钼丝自动回到两次接触点之间线段的中心处停止移动。根据出现的选择界面提示，回车确认。Y 方向的找正与 X 方向类似，钼丝最后停在 Y 方向两次接触点线段的中点处，此时界面显示的坐标值就是要建立的工件坐标系原点的机床坐标值。

从毛坯外围开始加工时，安装好工件和钼丝后，打开电源及脉冲参数调节面板上"变频/进给"开关，在数控系统主界面上选择"靠边定位"；在出现的"定位方向"选择菜单"L_1方向，L_2方向，L_3方向，L4 方向"上钼丝移动的方向，钼丝将自动向选定的方向移动，接触工件后停止，此时界面上显示工件坐标系原点的机床坐标值。

5. 上传程序

在手动模式下，按 F10 键，进入编辑模式，按 F1 键，屏幕下方显示"从硬盘(按 D)或软盘(按 B)装入"信息。按 D 键即可从硬盘中选择已经编辑好的程序，点击"确定"按钮，即开始上传所选的程序。

6. 程序校验

在编辑模式上传完程序后，按 F9 键进入自动模式，将"模拟"改为"ON"，将程序描画一次，以检查程序是否有代码错误。如果显示有错误，则进入编辑模式，对程序进行相应修改，再进入自动模式进行模拟，直至不显示错误。

7. 自动加工

进入自动模式，将“预演”设为OFF，将“模拟”设为OFF，单击“确定”按钮，即开始自动加工，并在加工时描画实际轨迹。

8. 关闭机床

移动机床各坐标轴使之远离工件，按下急停按钮，关闭控制系统电源和机床总电源开关。

11.3 实训案例

11.3.1 案例一：小型三轴数控雕刻机的立柱

图11-6是自制小型三轴数控雕刻机的立柱，结合该实例介绍数控电火花线切割的手工编程和自动编程。

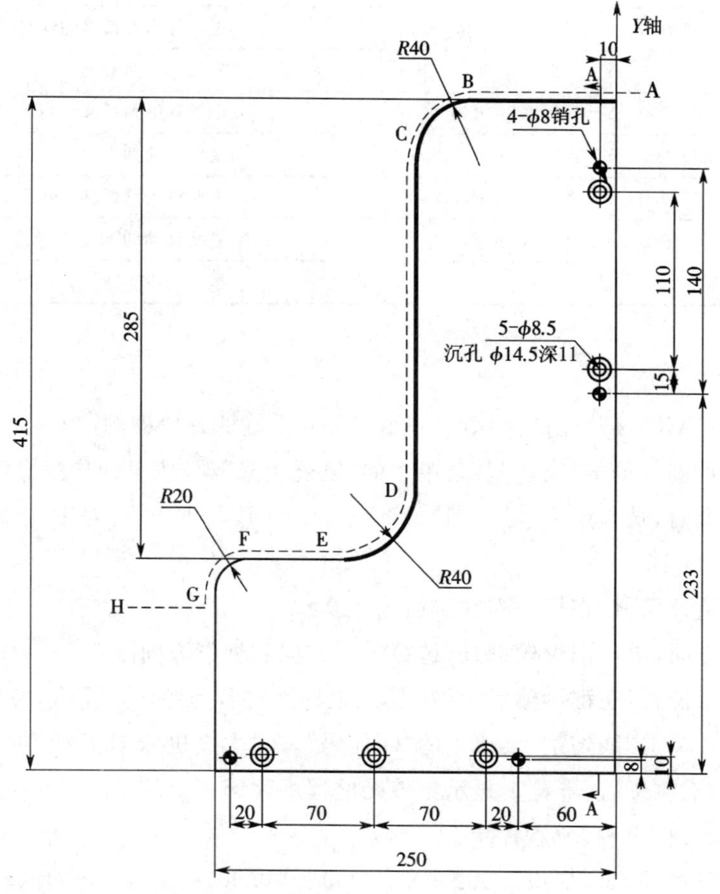

图11-6 小型三轴数控雕刻机立柱

实训目的：锻炼学生分析零件图，建立坐标系，确定切割线路，熟悉线切割编程的格式和要求，用手工编程和自动编程生成图纸的程序。

1. 手工编程

由图可见，为节省材料，将 415 mm×250 mm×18 mm 长方体毛坯沿图中粗实线切割，可获得两个立柱毛坯。图中粗实线为待加工轮廓，加工偏移量取 0.1 mm(钼丝半径＋放电间隙)，钼丝加工运行轨迹及方向如图中虚线所示 A-B-C-D-E-F-G-H。采用手工编程时有两种方法：

①按虚线直接编写钼丝移动运行程序；

②按实线编写程序，用 G41(G42)给出偏移量。

这里用第②种方法编写程序，如表 11－1 所列。

表 11－1　线切割手工编程

程序代码	说明
N10　G90；	绝对坐标方式输入编程
N20　G92　X10.000　Y0.000；	设定电极丝起始点为 A
N30　G42　G01　X－85.000　Y0.000；	直线移动到 B 点
N40　G03　X－125.000　Y－40.000　R40.000；	逆时针沿圆弧移动到 C 点
N50　G01　X－125.000　Y－245.000；	直线移动到 D 点
N60　G02　X－165.000　Y－285.000　R40.000；	顺时针沿圆弧移动到 E 点
N70　G01　X－230.000　Y－285.000；	直线移动到 F 点
N80　G03　X－250.000　Y－305.000　R20.000；	逆时针沿圆弧移动到 G 点
N90　G01　X－260.000　Y－305.000；	直线移动到 H 点
N100　M02；	程序结束

2. 自动编程

1)绘图　在 CAXA 线切割软件中绘制图 11－6 立柱的外轮廓图。

2)生成加工轨迹　单击“线切割”菜单中的“轨迹生成”项，按下列步骤操作。

①输入切入方向，选“垂直”切入，轮廓精度为 0.01，切割次数为 1，选轨迹生成时自动补偿。

②输入偏移量补偿值，在第一次加工后输入 0.1。

③选择加工方向，单击图形轮廓线，选择加工方向和补偿方向。

④输入穿丝点位置，在键盘输入 10.0，输入退回点时若与穿丝点重合，按回车键即可。

3)代码生成　单击“线切割”菜单中的“G 代码”，在“生成机床 G 代码”对话框中输入文件名并保存，拾取加工轨迹后，屏幕上显示出该图的程序代码。

下面是所生成的 ISO 代码程序单：

```
N10  T84  T86  G90  G92  X10.000  Y0.000;
N20  G42  G01  X-85.000  Y0.000;
N30  G03  X-125.000  Y-40.000  R40.000;
N40  G01  X-125.000  Y-245.000;
```

```
N50  G02  X-165.000  Y-285.000  R40.000;
N60  G01  X-230.000  Y-285.000;
N70  G03  X-250.000  Y-305.000  R20.000;
N80  G01  X-260.000  Y-305.000;
N90  T85  T87  M02;
```

11.3.2 案例二:生成程序并加工

利用 R2V 和 CAXA 软件自动生成图形的程序将作品加工出来。

让学生学会 R2V 和 CAXA 软件的使用,并利用这两种软件自动生成图形,练习对电火花线切割机床的操作,将作品加工出来。编程过程如下。

①打开 R2V 软件,导入需要生成程序的图形(图 11-7);然后对导入的图形进行灰度转化,将图形转化为黑白格式;单击“矢量化”菜单中的“自动矢量化”,在弹出的对话框里选择“提前轮廓”,完成图形的矢量化;最后单击“文件”菜单中的“选择矢量化输出”,将其保存为.igs 文件。

②打开 CAXA 电火花线切割软件,从“文件”菜单选择“数据接口”里的提取.igs 文件,打开图形,然后对其导入的图形进行修改,让图形形成一个单层的闭合图形,并将图形的大小设为能加工的尺寸;单击“线切割”菜单中的“轨迹生成”,选“垂直”切入,轮廓精度为 0.01,切割次数为 1,选轨迹生成时自动补偿,在第一次加工后输入 0.1,单击图形轮廓线,选择加工方向和补偿方向,输入穿丝点位置后按“Enter 键”,在图形外侧生成加工轨迹图(图 11-8 虚线部分);单击“线切割”菜单中的“G 代码”,在“生成机床 G 代码”对话框中输入文件名并保存,拾取加工轨迹后,屏幕上显示出该图的程序。生成的 ISO 代码程序如下(中间虚线为省略部分):

图 11-7　图形

图 11-8　生成加工轨迹图(虚线部分)

```
T84 T86 G90 G92X465.474Y489.412;
G01 X462.273 Y489.145;
G01 X462.237 Y489.567;
G01 X461.950 Y490.200;
. . . . . . . .
```

. . . .

. . . .

. . . .

```
G01 X462.296 Y488.864;
G01 X462.273 Y489.145;
G01 X465.474 Y489.412;
T85 T87 M02;
```

③启动机床，系统被启动并自动进入手动模式；将夹具底部擦拭干净，置于工作台上的适当位置紧固，擦净夹具限位面及工件定位面，安装工件，找正并夹紧；在手动模式下，按F10键进入编辑模式，再按F1键，屏幕下方显示“从硬盘(按D)或软盘(按B)装入”信息，按D即可从硬盘中选择已经编辑好的程序，单击“确定”按钮，即开始上传所选的程序；上传完程序后，按F9键进入自动模式，将“模拟”设为“ON”，将程序描画一次，以检查程序是否有代码错误，如果显示有错误，则进入编辑模式，对程序进行相应修改，再进入自动模式进行模拟，直至不显示错误为止；进入自动模式，将“预演”设为“OFF”，将“模拟”设为“OFF”，单击“确定”按钮，即开始自动加工，并在加工时描画实际轨迹；工件加工完毕后关闭机器。

11.3.3 案例三：矩形零件扩孔

如图11-9所示，ABCD为矩形工件，矩形工件中有一直径为30 mm的圆孔，现欲将该孔扩大到35 mm。已知AB、BC边为设计、加工基准，电极丝直径为0.18 mm，请写出相应操作过程及加工程序。

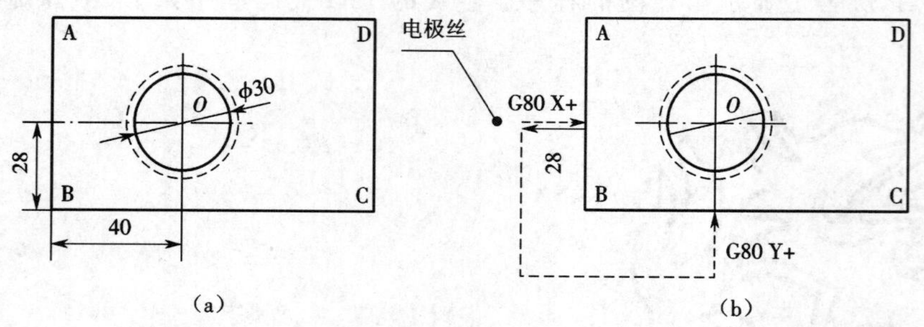

图11-9 零件加工示意

(a)零件图 (b)电极丝找正轨迹图

该零件加工分两部分完成，首先将电极丝定位于圆孔的中心，然后写出加工程序。电极丝定位于圆孔的中心有以下两种方法。

①首先电极丝碰AB边，X值清零，再碰BC边，Y值清零，然后移动电极丝到坐标(40.09,28.09)。具体过程如下。

a.清理孔内部毛刺，将待加工零件装夹在线切割机床工作台上，利用千分表找正，尽可能使零件的设计基准AB、AC基面分别与机床工作台的进给方向X、Y轴保持平行。

b.用手控盒或操作面板等方法将电极丝移到AB边的左边，大致保证电极丝与圆孔中心

的 Y 坐标相近(尽量消除工件 ABCD 装夹不佳带来的影响,理想情况下工件的 AB 边应与工作台的 Y 轴完全平行,而实际很难做到)。

c. 用 MDI 方式执行指令:

G80 X+;

G92 X0;

M05 G00 X-2.;

d. 用手控盒或操作面板等方法将电极丝移到 BC 的下边,保证电极丝与圆孔中心的 X 坐标相近。

e. 用 MDI 方式执行指令:

G80 Y+;

G92 Y0;

T90; /仅适用慢走丝,目的是自动剪丝;对于快走丝机床,则需手动移动电极丝

G00 X40.09 Y28.09;

f. 为保证定位准确,往往需要确认。具体方法是:在找到的圆孔中心位置用 MDI 或别的方法执行指令 G55 G92 X0 Y0;然后再在 G54 坐标系(机床默认的工作坐标系)中按前面 a~d 步骤重新找圆孔中心位置,并观察该位置在 G55 坐标系下的坐标值。

若 G55 坐标系的坐标值与(0,0)相近或刚好是(0,0),则说明找正准确,否则需要重新找正,直到最后两次中心孔在 G55 坐标系中的坐标相近或相同时为止。

②将电极丝在孔内穿好,然后按操作面板上的"找中心"按钮,即可自动找到圆孔的中心。具体操作过程如下:

a. 清理孔内部毛刺,将待加工零件装夹在线切割机床工作台上;

b. 将电极丝穿入圆孔中;

c. 按下自动找中心按钮找中心,记下该位置坐标值;

d. 再次按下自动找中心按钮找中心,对比当前的坐标值和 c. 步骤得到的坐标值,若数字重合或相差很小,则认为找中心成功;

e. 若机床在找到中心后自动将坐标值清零,则需要利用设计基准找中心的方法进行如下操作:在第一次自动找到圆孔中心时用 MDI 或别的方法执行指令 G55 G92 X0 Y0;然后再按用自动找中心按钮重新找中心,再观察重新找到的圆孔中心位置在 G55 坐标系下的坐标值。若 G55 坐标系的坐标值与(0,0)相近或刚好是(0,0),则说明找正准确,否则需要重新找正,直到最后两次找正的位置在 G55 坐标系中的坐标值相近或相同为止。

利用自动找中心按钮操作简便,速度快,适用于圆度较好的孔或对称形状的孔状零件加工。若由于磨损等原因造成孔不圆,则不宜采用此法。而利用设计基准找中心,不但可以精确找到对称形状的圆孔、方孔等的中心,还可以精确定位于各种复杂孔形零件内的任意位置。所以,虽然该方法较复杂,但在用线切割修补塑料模具中仍得到了广泛的应用。

综上所述,线切割定位的两种方法各有优劣,关键是要采用有效的手段进行确认。一般来说,线切割的找正要重复几次,至少保证最后两次找正位置的坐标值相同或相近。通过灵活采用上述方法,能够实现电极丝定位精度在 0.005 mm 以内,从而有效地保证线切割加工的定位精度。

参考文献

[1] 邱宣怀.机械设计[M].北京:高等教育出版社,2007.

[2] 宋昭祥.现代制造工程技术实践[M].北京:机械工业出版社,2009.

[3] 黄康美.数控加工编程[M].上海:上海交通大学出版社,2004.

[4] 韩鸿鸾,荣维芝.数控机床加工程序的编制[M].北京:机械工业出版社,2002.

[5] 周文玉,刘赛赛.数控加工编程及操作教程[M].北京:中国轻工业出版社,2009.

[6] 李斌,李曦.数控技术[M].武汉:华中科技大学出版社[M],2010.

[7] 张春林,焦永和.机械工程概论[M].北京:北京理工大学出版社,2003.

[8] 冯俊,周郴知.工程训练基础教程[M].北京:北京理工大学出版社,2005.

[9] 杨贺来,徐九南.金属工艺学实习教程[M].北京:北京交通大学出版社,2007.

[10] 杜晓林,左时伦.工程技能训练教程[M].北京:清华大学出版社,2009.

[11] 胡建德.机械工程训练[M].杭州:浙江大学出版社,2007.

[12] 赵建中.机械制造基础[M].北京:北京理工大学出版社,2008.

[13] 周燕飞.现代工程实训[M].北京:国防工业出版社,2010.

[14] 刘天祥.工程训练教程[M].北京:中国水利水电出版社,2009.

[15] 周伯伟.金工实习[M].南京:南京大学出版社,2006.

[16] 傅水根,李双寿.机械制造实习[M].北京:清华大学出版社,2009.

[17] 郭绍义.机械工程概论[M].武汉:华中科技大学出版社,2009.

[18] 周世权.工程实践[M].武汉:华中科技大学出版社,2003.

[19] 旭彪,王永花.基于项目的开放式实验教学的实践与思考[J].现代教育技术,2010,20(5):125-129.

[20] 高琪.金工实习核心能力训练项目集[M].北京:机械工业出版社,2012.

附　　金属工艺学实习报告

学　院＿＿＿＿＿＿＿　　　班　级＿＿＿＿＿＿＿

学　号＿＿＿＿＿＿＿＿

姓　名＿＿＿＿＿＿＿＿　　　成　绩＿＿＿＿＿＿＿

实习日期　　年　月　日至　　年　月　日

班级__________ 姓名__________ 学号________________

附1 车工实习报告

一、指出附图1-1所示普通车床各部分名称及作用。

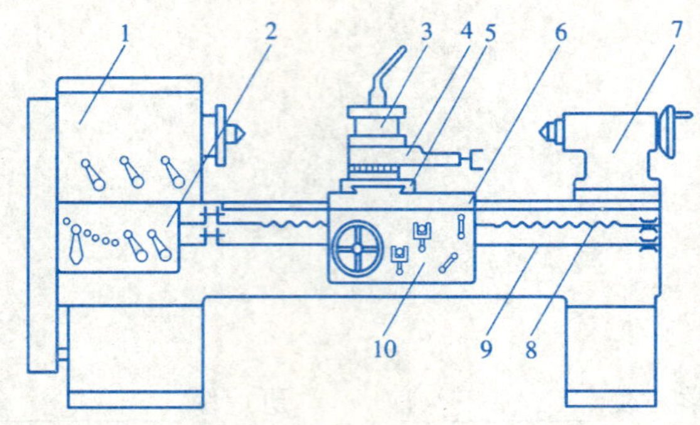

附图1-1

序号	名称	作用
1		
2		
3		
4		
5		
6		
7		
8		
9		
10		

二、填写普通车床上常用夹具及附件的作用。

夹具名称	主要作用
三爪卡盘	
四爪卡盘	
花盘	
中心架	
顶尖	

班级__________ 姓名__________ 学号________________

三、填空。

1. 车床的主运动是______________，进给运动是________________。

2. 车削用量是指____________、__________和____________。其单位分别是__________、__________和__________。

3. 车削加工可以完成的加工工作包括______________、____________、______________、____________、____________、____________、____________、____________。

4. 安装车刀时，刀尖应对准工件的__________________。

5. 用普通卧式车床车削外圆锥面的方法有____________、____________、____________、____________。

6. 外圆车刀的刀体由__________、__________、__________、__________、__________、________组成。

7. 你实习时所用车床的型号为__________，其含义是____。

8. 常用刀具材料的种类有__________、____________、____________等。

9. 普通车床上加工零件能达到的精度等级为______，表面结构参数 Ra 值可达______。

四、简述切削速度的选用原则。

五、如附图 1－2 所示，将车刀各角度名称及作用填入下表。

序号	名称	作用
1		
2		
3		
4		

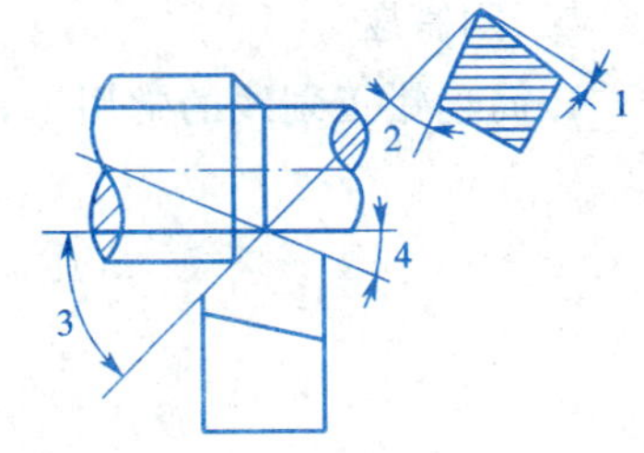

附图 1－2

六、标注外圆车刀刀头各部分的名称(附图 1－3，此题仅机械类专业学生解答)。

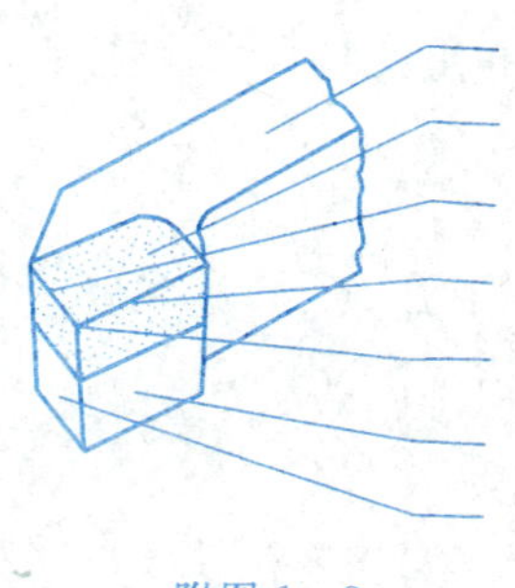

附图 1－3

班级__________ 姓名__________ 学号________________

附2 钳工实习报告

一、填空。

1. 钳工的基本操作包括____________、____________、____________、____________、____________、____________、____________、____________等。

2. 安装锯条时，锯齿应向________方。细齿锯条适宜锯削____________的工件，粗齿锯条适宜锯削__________的工件，中齿锯条适宜锯削____________的工件。

3. 锯切速度以每分钟往复________次为宜，锯软材料时，速度可______些，锯硬材料时，速度可________些。

4. 锉削平面的方法有______________、______________、______________等。

5. 钻床的种类很多，常用的有____________、____________、________，小于 ϕ12 mm 的孔，多在________钻床上加工，箱体上的孔多在________钻床上加工。

6. 钻床上常用的孔加工刀具有____________、____________、____________。

7. 加工内螺纹用________，加工外螺纹用__________。在脆性材料上（铸铁、青铜等）钻螺纹底孔，钻孔直径等于__________，在韧性材料上（钢料、紫铜等）钻螺纹底孔，钻孔直径等于____________。用板牙切制 M10×1.5 的螺杆，圆杆直径等于__________。

8. 根据形状的不同，锉刀可分为________、________、________、________及________等。

9. 钻孔时，主运动是__________________，进给运动是__________________。

二、问答题。

1. 简述钳工划线的常用工具、作用及种类？

2. 怎样检验锉后工件的平直度和角度？

班级＿＿＿＿＿＿　姓名＿＿＿＿＿＿　学号＿＿＿＿＿＿＿＿

附3　铣削、磨削与刨削加工实习报告

一、填空题。

1. 铣床的种类较多，常用的有＿＿＿＿＿＿和＿＿＿＿＿＿。

2. 常用的铣床附件有＿＿＿＿＿、＿＿＿＿＿、＿＿＿＿＿和＿＿＿＿＿等。

3. 铣削平面的常用方法有＿＿＿＿＿＿和＿＿＿＿＿＿。

4. 常见的铣刀有＿＿＿＿＿、＿＿＿＿、＿＿＿＿、＿＿＿＿、＿＿＿＿、＿＿＿＿、＿＿＿＿和＿＿＿＿＿等。

5. 用切削加工方法加工齿轮，按加工原理可分为＿＿＿＿法和＿＿＿＿法两种，常用设备有＿＿＿＿＿＿、＿＿＿＿＿＿、＿＿＿＿＿＿等。

6. 常用的磨床种类有＿＿＿＿＿＿、＿＿＿＿＿＿＿、＿＿＿＿＿＿等。

7. 外圆磨削时，工件的装夹方法有＿＿＿＿＿、＿＿＿＿＿、＿＿＿＿＿等。

8. 砂轮的特性包括＿＿＿＿、＿＿＿＿、＿＿＿＿、＿＿＿＿、＿＿＿＿等。

9. 牛头刨床可以加工的表面有＿＿＿、＿＿＿、＿＿＿、＿＿＿＿、＿＿＿等。

10. 刨削类机床有＿＿＿＿＿＿、＿＿＿＿＿＿＿、＿＿＿＿＿＿＿。

11. 在牛头刨床上加工水平面时，主运动是＿＿＿＿＿＿＿＿，进给运动是＿＿＿＿＿＿＿＿＿＿。

12. 经过粗刨精刨后，工件平面的表面结构参数值 $Ra=$＿＿＿，尺寸精度可达＿＿＿＿。

二、问答题。

1. 简述铣削加工的特点及应用。

2. 简述磨削加工的特点及应用。

班级＿＿＿＿＿＿ 姓名＿＿＿＿＿＿ 学号＿＿＿＿＿＿＿＿＿＿

附4　金属铸造成形实习报告

一、填空题。

1. 砂型铸造生产的基本过程包括＿＿＿＿、＿＿＿＿、＿＿＿＿、＿＿＿＿、＿＿＿＿、＿＿＿＿、＿＿＿＿、＿＿＿＿、＿＿＿＿、＿＿＿＿等。

2. 湿型砂主要由＿＿＿＿、＿＿＿＿、＿＿＿＿、＿＿＿＿等材料组成。

3. 型砂应具备的性能是＿＿＿＿、＿＿＿＿、＿＿＿＿和＿＿＿＿。

4. 型芯的作用是＿＿＿＿＿＿＿＿＿＿＿＿＿＿＿＿。

5. 根据砂箱特征和模样特征，常见的手工造型方法有＿＿＿＿、＿＿＿＿、＿＿＿＿、＿＿＿＿、＿＿＿＿、＿＿＿＿、＿＿＿＿、＿＿＿＿、＿＿＿＿等。

6. 常见的铸件缺陷有＿＿＿＿、＿＿＿＿、＿＿＿＿、＿＿＿＿、＿＿＿＿、＿＿＿＿等。

7. 造型时型砂舂得过紧，会产生＿＿＿＿＿缺陷。

8. 分型面是指＿＿＿＿＿＿＿＿＿＿＿＿＿＿＿＿＿＿＿＿。

9. 冒口的主要作用是＿＿＿＿＿、＿＿＿＿＿、＿＿＿＿＿。

10. 常用铝合金铸件的浇注温度为＿＿＿＿＿，形状简单的厚壁灰铸铁件浇注温度为＿＿＿＿＿。

11. 特种铸造工艺有＿＿＿＿＿、＿＿＿＿＿、＿＿＿＿＿、＿＿＿＿等。

二、问答题。

1. 简述铸造生产工艺的概念、特点及应用。

2. 试述浇注系统的组成及各部分的作用。

班级__________ 姓名__________ 学号______________

三、标注出铸型装配图(附图 4-1)中各部分的名称。

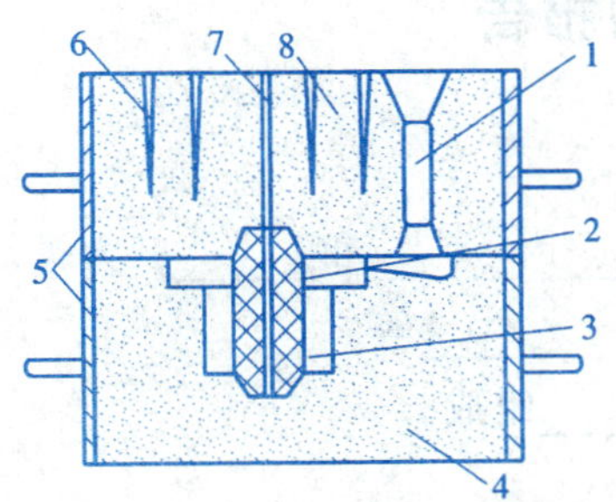

1. __________ 2. __________

3. __________ 4. __________

5. __________ 6. __________

7. __________ 8. __________

附图 4-1

四、观察附图 4-1 中零件图、模样图、铸件图在形状和尺寸上的差异,回答:

1. 对应于相同的外径部位,模样比铸件大一个__________________量,铸件比零件大一个__________________量;

2. 模样图上上端和下端的两个凸块叫______________________(此题仅供机械类专业学生解答)。

五、标注出附图 4-2 中各部分的名称。

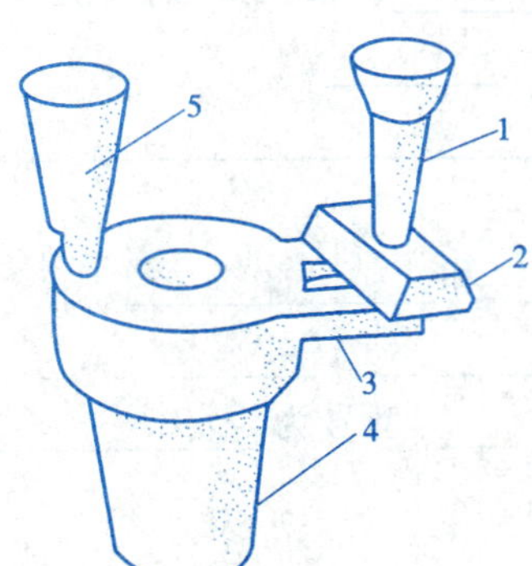

附图 4-2

1. __________ 2. __________

3. __________ 4. __________

5. __________

班级__________ 姓名__________ 学号________________

附5 焊接实习报告

一、填空题。

1. 根据焊接过程的不同特点，焊接方法分为________、______和______三大类。常见的熔化焊方法有__________、__________、__________和__________等。

2. 焊接电弧由__________、__________和__________组成。

3. 焊接时药皮的作用主要是____。

4. 实习时你所用的焊条型号是______________，其符号含义是____。

5. 焊条电弧焊中，常用的焊接接头形式有__________、__________、__________和__________等。

6. 焊条电弧焊的工艺参数主要包括__________、__________、__________、__________和__________等。

7. 气焊生产中，最常用的气体是__________和__________。根据其混合比例不同，可得到三种不同性质的火焰，即__________、____________和__________。

8. 手工电弧焊采用直流焊机时，正接是____________________________________，反接是______________________________________。

9. 手工电弧焊时，常用的起弧方式有______________和______________。

10. 常见的焊接缺陷有__________、__________、__________、__________、__________。

11. 你实习所用的电焊机名称是____________________，型号为______________，空载电压为____________V，额定电流为____________A。

二、问答题。

1. 简述焊接工艺的概念、特点及应用范围。

2. 焊接过程中如何减少焊件应力和变形？

3. 气焊设备包括哪几部分？

班级__________ 姓名__________ 学号________________

三、根据附图 5-1 所示标出手工电弧焊工件系统各组成部分的名称。

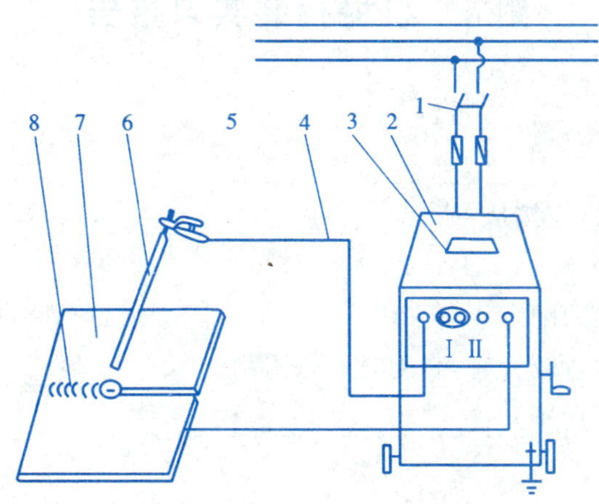

附图 5-1

1. ______________ 2. ______________ 3. ______________ 4. ______________

5. ______________ 6. ______________ 7. ______________ 8. ______________

四、说明三种氧—乙炔焰的性质与应用(此题仅机械类学生解答)。

名称	氧与乙炔混合比	火焰性质	适于焊接的材料
氧化焰			
中性焰			
碳化焰			

班级__________ 姓名__________ 学号________________

附6 机械拆装实习报告

一、填空题。

1. 常用的装配方法有______________、____________、____________、______________等。

2. 拆卸部件或组件时，应按从________________________，从________________________的顺序，依次拆卸。

3. 滚动轴承内孔与轴的配合一般采用______________。

4. 轴承与轴的配合过盈较大时，装配时最好采用____________________的方法。

5. 装配中的修配法适用于______________________。

二、问答题。

1. 装配成组螺钉螺母时，应注意什么？

2. 装配时，零部件之间的连接有可拆连接和不可拆连接，请分别各举两例说明。

3. 在机构系统创意模具上，你参加了哪几种机构创意？如何构思的？在创意装配过程中出现了什么问题？如何解决的？通过机构创意装配，你有什么收获(此题仅机械类专业学生解答)。

班级__________ 姓名__________ 学号________________

附7 数控加工实习报告

一、填空题。

1. 数控机床由____________和__________组成，其中__________是数控机床的核心，一般包括____________、__________、__________、____________等。

2. 数控车床是靠主轴的__________和刀具的__________来完成零件的自动加工的。

3. 加工中心是具有__________________________的数控铣床。

4. 数控程序一般为__________________________格式。在编写数控程序时，一般选择零件的__________或__________作为编程坐标系的原点。

5. 数控机床实际操作中的一个重要操作是__________，它的作用是让加工坐标系与编程坐标系重合，也就是让机床知道我们编程坐标系的原点在毛坯的哪个位置上。

6. 在数控程序中，F代表________，S代表________，T代表____________。

二、简述数控机床的工作原理、特点及应用范围。

三、实际加工题(此题仅机械类专业学生解答)。

1. 数控车削加工。

加工如附图7-1所示的零件，设毛坯是$\phi30$ mm的棒料，要求车端面、粗车外圆、精车外圆和切断。

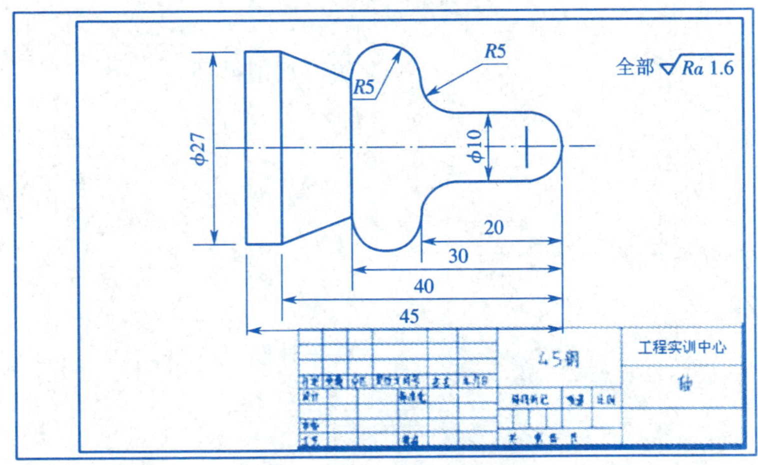

附图7-1

班级__________ 姓名__________ 学号________________

(1)工艺分析

①先车右端面,并以右端面的中心为原点建立工件坐标系(即编程坐标系),因为该点为工件的__________。

②该零件可采用______指令进行仿形粗切削循环,然后用________指令进行精车,最后切断。注意:退刀时先退______方向,后退________方向,以免刀具撞上工件。

(2)确定工艺方案

①车端面;②从右至左粗加工各面;③从右至左精加工各面;④切断。

(3)选择刀具及切削用量

外圆刀 T0101 用于车端面、粗车加工,外圆刀 T0202 用于精车加工,切断刀 T0303 宽 4 mm,用于切断。

切削用量包括________、________及________等,根据各工序的不同,要求选择合适的切削用量,具体取值见程序内容。

(4)编写数控程序(根据程序的注释,补全数控程序内容)

程 序	注 释
O0001	
T0101;	
S500 ;	主轴正转
G00 X35. Z0.;	车端面
G96 S120;	切换工件转速,线速度 120 m/min
G01 X0. F0.15;	
G97 S500;	切换工件转速,转速为 500 r/min
	仿形切削循环
M03 S800 T0202;	
G00 X35. Z2.;	
;	精车外圆
G00 X150.;	
Z150.;	
M03 S300 T0303;	切断
G00 X35. Z−50.;	

班级__________ 姓名__________ 学号________________

G01 X0. F0.05;

G00 X150.;

Z150.;

M05;

M30; 程序结束

2. 数控铣削加工

(1)手动编程实践

加工如附图 7-2 所示的零件,要求使用 ϕ10 mm 的平底铣刀,每次的切削深度不大于 5 mm。

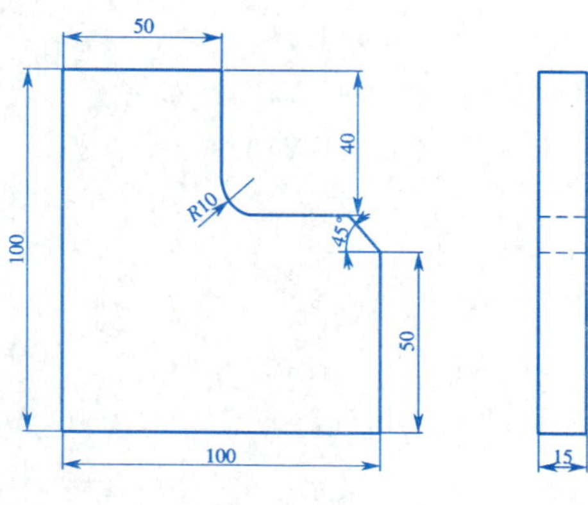

附图 7-2

数控程序:

O0001;

G54 G90 G40 G49;

M03 S500;

(2)自动编程实践——拓展

加工如附图 7-3 所示的零件,要求加工图中有两个斜面。

1)工艺分析 根据加工精度要求,需要对该零件分别做粗加工、半精加工和精加工。

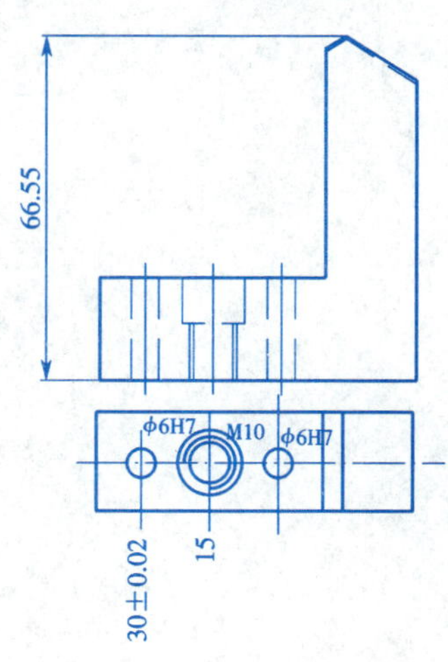

附图 7-3

2)刀具选择及切削用量的确定 选用 ϕ12 mm 的平底铣刀做粗加工,选用 R6 mm 的球头铣刀做半精加工,选用 R5 mm 的球头铣刀做精加工。

粗加工的主轴转速选用 3 500 r/min,进给速度为 1 600 mm/min。

半精加工的主轴转速选用 2 000 r/min,进给速度为 1 000 mm/min。

精加工的主轴转速选用 4000r/min,进给速度为 2 500 mm/min。

3)生成数控程序 利用 UG 的 CAM 模块,通过设置刀具参数、各切削参数等生成各工序的刀路轨迹,半精加工的加工轨迹如附图 7-4 所示。基于生成的加工轨迹通过后置处理自动生成数控加工程序。

%

G40 G17 G90 G54

G91 G28 Z0.000

T01 M06

T02

班级__________ 姓名__________ 学号________________

```
G00 G90 X-91.900 Y-0.198 S3500 M03
G43 Z120.000 H01
Z72.753
G01 Z69.753 F1600 M08
X-80.594
Y9.500
Y9.540
X-80.589 Y9.578
X-80.495 Y10.292
X-76.601 Y10.302
⋮
X71.808 Z62.929
Z68.570
G00 Z116.571
M02
%
```

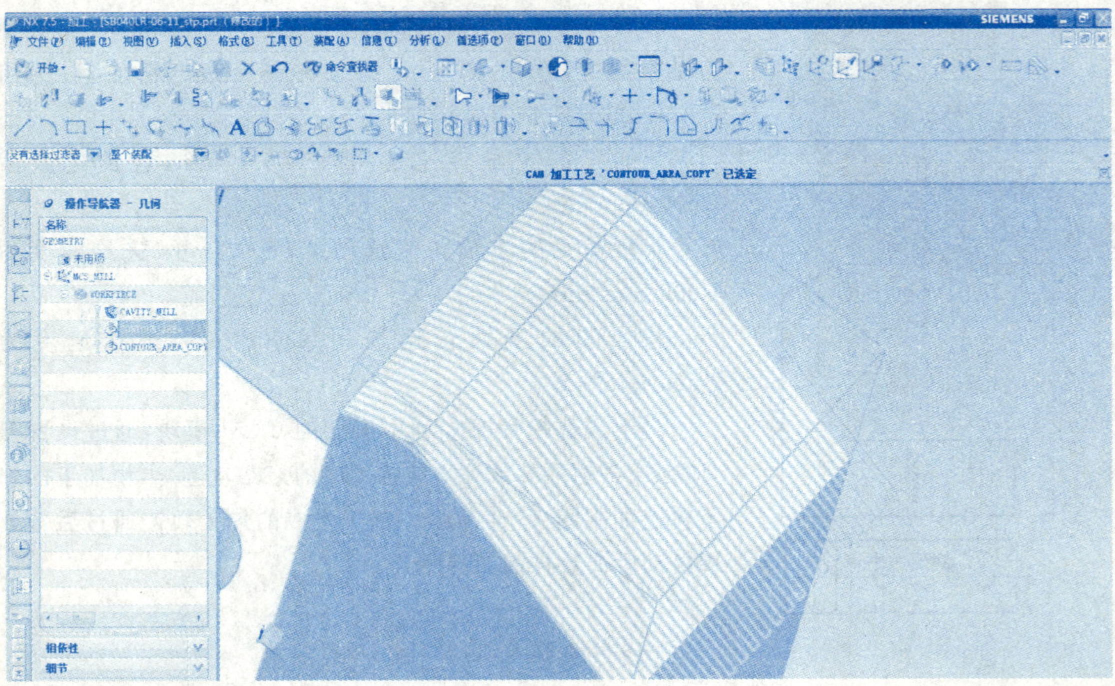

附图 7-4

班级__________ 姓名__________ 学号________________

四、思考题。

1. 什么情况下使用自动编程?

2. 自动换刀指令是什么?

3. M02 和 M30 的区别是什么?

班级__________ 姓名__________ 学号________________

附8 特种加工实习报告

一、填空。

1. 特种加工工艺是指直接利用__________、__________、__________、__________和__________等各种能量进行加工的一类方法的总称。

2. 常用的特种加工方法有________、________、________、__________等。

3. 电火花成形穿孔加工是________________________的一种加工方法。

4. 线切割加工中，常用的电极丝有______________、________________、______________，其中__________和__________用于快速走丝线切割，而__________用于慢速走丝线切割。

5. 线切割加工中，工件的装夹方式有__________、__________、________、__________等。

二、编制线切割加工程序（此题仅机械类专业学生解答）。

用ISO格式编制如附图8－1所示零件的线切割加工程序。电极丝选用直径为0.18 mm的钼丝，单面放电间隙为0.01 mm.。要求：①以A点为坐标原点（x0，y0），（x0，y5）点为切割起始点，顺时针切割凸模，保证图示尺寸；②切割凹模程序怎样改动。

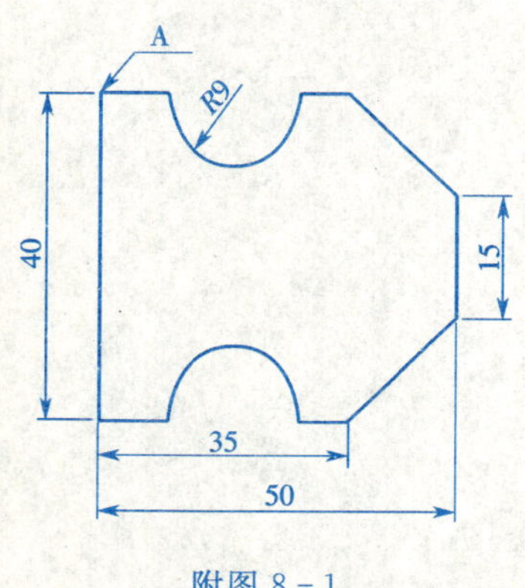

附图8－1